自衛隊

自衛官候補生 採用試験

問題演習 第2版

自衛官採用試験研究会

早稲田経営出版

TAC PUBLISHING Group

は じ め に

　本書が対象とした「自衛官候補生」は,「一般曹候補生」と並んで受験者が多い自衛官採用試験です。

　採用試験は,筆記試験(国語,数学,地理・歴史および公民,作文),口述試験,適性検査,身体検査から成りますが,合否を決定づけるのは筆記試験,中でも国語,数学,地理・歴史および公民の3科目です。各科目とも出題範囲が広いため,これをどのようにカバーするかが最大のポイントといえます。

〔本書の特長〕

1. 合否を大きく左右する国語,数学,地理・歴史および公民に的を絞り,効率的に実力が向上できるように工夫してあります。

2. 効率的に実力が向上できるよう,〔ここがポイント〕を設けています。たとえば,国語の〈1.漢字の読み〉では,〈試験によく出る読み(1)〉〈試験によく出る読み(2)〉を掲載しました。これらを覚えておくだけでもずいぶん実力は向上しますし,試験に効率的に対応できます。

3. 〔ここがポイント〕の後に,[TEST]として,いくつかの問題を掲載してあります。これらの問題は模擬問題ともいえるものなので,そのつもりで取り組みましょう。模擬問題のうち,本試験において過去によく出題された出題形式あるいは出題テーマについては, 頻出問題 のマークを付けました。

　〔注〕「公民」は従来,「現代社会」「倫理」「政治・経済」の3科目から構成されていましたが,「現代社会」が廃止になり「公共」という新しい科目になりました。社会の諸課題を考える力を養う内容になるものとみられています。

編　集　部

——— 面接試験の準備もしておこう ———

　近年，市役所，警察官，消防官などの公務員試験において面接試験が重視されており，筆記試験と同様，面接試験においても多くの受験生が落とされています。

　「自衛官候補生採用試験」においては，現在，筆記試験が重視されていますが，今後，面接試験のウエートが高まるものと予想されます。

　面接試験において重視されるのは「志望動機」です。これに関しては次のような質問がなされます。

・自衛隊を志望した動機は何ですか。
・自衛官候補生を受験した動機は何ですか。
・自衛隊に入って何がしたいですか。
・自衛隊の魅力は何ですか。
・あなたのご両親は自衛隊に入ることについて，どうお考えですか。

　「志望動機」の次に重視されるのが「自己PR」です。これに関しては次のような質問がなされます。

・自己PRをしてください。
・あなたの長所と短所はどこですか。
・これまでに培った経験などで自衛隊にいかせるものはありますか。
・どんなタイプの人が好きですか。

CONTENTS

PART 2　数　学

PART 3　地理・歴史および公民

自衛官候補生

受験ガイダンス

1 　自衛官候補生とは何か

　みなさんが志望されている自衛官候補生の身分はどういうものか？　おそらく，みなさんの関心事の１つでしょう。

　そこで，まずは自衛官について説明しましょう。自衛官の身分は一般の公務員と異なり，特別職の国家公務員です。つまり，国の平和と独立を守るという特殊な任務を課せられていることから，このように一般の公務員と区別されているわけです。

　次に，自衛官は下の表に示してあるように，16の階級に分かれています。このうち，３尉以上の階級の自衛官を「幹部」，３曹から准尉までを「准・曹」，２士から士長までを「士」と称しています。

　基礎知識ができたところで，次ページの図を見てください。これは自衛官の任用制度を図示したものです。図にあるように，自衛官候補生は３か月間の教育訓練を修了した後，任期制自衛官である２等陸・海・空士に任命されます。２等陸・海・空士任用後の任用期間は，陸上自衛官が１年９か月（技術関係は２年９か月），海上・航空自衛官については２年９か月を１任期として任用されますが，この任用期間が修了すると一応退職となります。ただし，引き続き自衛官として勤務を希望する場合，選考により２年を任期として継続任用されます。なお，この間に選抜試験に合格すれば３曹に昇任でき，この時点で定年（非任期）制の自衛官となり，右表に示すように各階級の定年に達するまで勤務できます。

　これに対し，一般曹候補生は任期制自衛官（２等陸・海・空士）と異なり，士長から３曹への昇任が選抜試験ではなく，選考によりなされています。一般曹候補生の場合，入隊と同時に２等陸・海・空士に任命され，教育隊で教育を

区分	階　　　級	階級	年齢
幹部	陸（海・空）将	将	60歳
	陸（海・空）将補	将補	60歳
	１等陸（海・空）佐	1佐	56歳
	２等陸（海・空）佐	2佐	55歳
	３等陸（海・空）佐	3佐	55歳
	１等陸（海・空）尉	1尉	55歳
	２等陸（海・空）尉	2尉	55歳
	３等陸（海・空）尉	3尉	55歳
准尉	准　陸（海・空）尉	准尉	55歳
曹	陸（海・空）曹　長	曹長	55歳
	１等陸（海・空）曹	1曹	55歳
	２等陸（海・空）曹	2曹	54歳
	３等陸（海・空）曹	3曹	54歳
士	陸（海・空）士　長		
	１等陸（海・空）士		
	２等陸（海・空）士		

(注) 2022年には，3佐～将の定年が上記より1年延びることになる。

自衛官の任用制度の概要

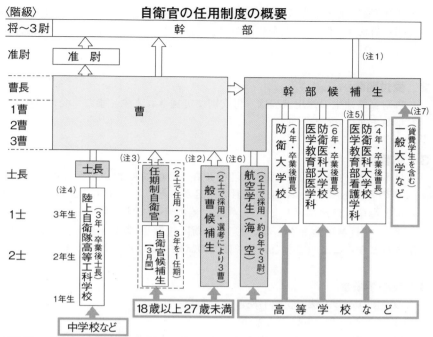

〔凡例〕 ⇦：採用または選考，⬅：採用試験，▭：課程修了後任命

(注) 1 医科・歯科・薬剤幹部候補生については，医師・歯科医師・薬剤師国家試験に合格し，所定の教育訓練を修了して，2尉に昇任する。

2 一般曹候補生については，最初から定年制の「曹」に昇任する前提で採用される「士」のこと。平成18(2006)年度まで「一般曹候補学生」および「曹候補士」の2つの制度を設けていたが，両制度を整理・一本化し，平成19(2007)年度から一般曹候補生として採用している。

3 自衛官候補生については，任期制自衛官の初期教育を充実させるため，平成22(2010)年7月から，入隊当初の3か月間を非自衛官化して，定員外の防衛省職員とし，基礎的教育訓練に専従させることとした。

4 陸上自衛隊高等工科学校については，将来陸上自衛隊において装備品を駆使・運用するとともに，国際社会においても対応できる自衛官となる者を養成する。平成22(2010)年度の採用から，自衛官の身分ではなく，定員外の新たな身分である「生徒」に変更した。新たな生徒についても，通信教育などにより生徒課程修了時(3年間)には，高等学校卒業資格を取得する。平成23(2011)年度の採用から，従来の一般試験に加えて，中学校校長などの推薦を受けた者の中から，陸上自衛隊高等工科学校生徒として相応しい者を選抜する推薦制度を導入した。

5 3年制の看護学生については，平成25(2013)年度をもって終了し，平成26(2014)年度より，防衛医科大学校医学教育部に4年制の看護学科が新設された。

6 航空学生については，採用年度の4月1日において，海上自衛隊にあっては年齢18歳以上23歳未満の者，航空自衛隊にあっては18歳以上21歳未満の者を航空学生として採用している。

7 貸費学生については，現在，大学および大学院(専門職大学院を除く)で医・歯学，理工学を専攻している学生で，卒業(修了)後，その専攻した学術を活かして引き続き自衛官に勤務する意思を持つ者に対して防衛省より学資金(54,000円/月額)が貸与される。

出所：『令和3年版 防衛白書』

受けた後，各部隊に配置されます。そして，入隊後2年9か月(この間，入隊6か月後に1等陸・海・空士，入隊1年後に陸・海・空士長に昇任)以降，選考に

より3等陸・海・空曹に昇任します。そして，3曹昇任後4年以上勤務すると，幹部候補試験（部内）の受験資格ができ，合格すれば幹部（3尉以上の階級の自衛官）への道が開かれています。

2 受付期間

　自衛官候補生の採用試験は，男女別に実施されます。また，受付は男女とも年間を通じて行われます。

3 応募資格

　日本国籍を有し，採用予定月の1日現在，18歳以上33歳未満の者。ただし，32歳の者にあっては，採用予定月の1日から起算して3月に達する日の翌月の末日現在，33歳に達しない者。なお，学歴不問です。

　また，「日本国籍を有しない者」「自衛隊法第38条第1項の規定により自衛隊員となることができない者」はこの試験を受けることはできません。

4 受験手続き

次のいずれかの方法で受験手続きをします。
（1）インターネットによる方法
　自衛官募集ホームページからインターネット応募サイトへアクセスし，画面の指示に従って必要事項を正しく入力し，応募受付期間中に送信します。
　応募受付期間中に本申込が完了した旨の電子メールが届かない場合は，応募受付期間中に必ず応募した自衛隊地方協力本部（P21，22）まで問い合わせること。
（2）郵送または持参による方法
　（ⅰ）志願書類の送付希望者は，宛先を明記した返信用封筒（A4判）に切手（140円）を貼って同封し，最寄りの自衛隊地方協力本部に請求してください。その際,「自衛官候補生{(男子)あるいは(女子)}志願書類」の請求であることを明記すること。
　（ⅱ）志願者は，次の書類を最寄りの自衛隊地方協力本部に持参または送付してください。○志願票　○自衛隊受験票　○返信用封筒　○経歴証明

5 試　　験

（1）試験期日・試験会場
　男女とも，受付時に試験期日・試験会場が指定されます。なお，試験期日は各地方協力本部で異なるため，詳細は最寄りの各地方協力本部に問い合わ

せてください。
（2）試験種目
　学科試験（国語，数学，地理・歴史および公民），作文，口述試験，適性検査，身体検査および経歴評定です。
★経歴評定とは，多様な経歴を有する受験者の能力を総合的に評価するものです。該当する資格・免許等は自衛官募集ホームページに掲載してあるので，確認しておいてください。
（3）学科試験，作文および適性検査実施要領
　筆記による試験，または Web 試験
　※どちらの要領で実施されるかについては各地方協力本部で異なるため，詳しくは最寄りの自衛隊地方協力本部に問い合わせてください。

○主な身体検査の合格基準

種　　目	基　　　　　準	
	男　　　子	女　　　子
身　　長	150cm 以上のもの	140cm 以上のもの
体　　重	身長と均衡を保っているもの（合格基準表参照）	
視　　力	両眼の裸眼視力が 0.6 以上または矯正視力が 0.8 以上であるもの。	
色　　覚	色盲または強度の色弱でないもの	
聴　　力	正常なもの	
歯	多数のウ歯または欠損歯（治療を完了したものを除く）のないもの	
そ の 他	身体健全で慢性疾患，感染症に罹患していないもの。また，四肢関節等に異常のないもの，など	

6　筆記試験の内容

　試験の合否を主として決定するのは筆記試験であり，その中でも特に国語，数学，地理・歴史および公民の結果です。
　国語，数学，地理・歴史および公民の各試験科目は別々に実施されるのではなく，同時に行われます。出題数は，国語，数学とも各10問で，全問解答です。地理・歴史および公民については，世界史Ａが4問必須解答で，選択科目1（日本史Ａ3問，地理Ａ3問），選択科目2（公共3問，倫理・政治経済3問）からそれぞれ1科目（3問）を選択解答します。よって，地理・歴史および公民（公共，倫理，政治・経済から成る）も合計10問解答します。試験時間は40分です。詳しいことは，科目別出題傾向で説明します。
　作文試験の制限時間は30分で，通常，与えられるテーマは1つだけです。

与えられるテーマは「自分の長所と短所」「団体生活で気をつけること」「責任を持つことの大切さについて」「自己を高めるため，チャレンジすることの大切さについて」「チームで目標を達成するため，力を合わせることの大切さについて」など日常的なものが大半を占めますが，たまに「自衛隊を志望した理由」「自衛隊の役割について，あなたが思っていること」「国を守ることの大切さについて」など自衛隊に関するテーマが課されます。

7　国語の出題傾向

1　漢字の読み

　毎年，2問出題されます。出題対象となる漢字は，漢字検定の2級〜3級程度です。つまり，これまで何度も見た漢字で，その読みをまちがえやすいものが主として出題されます。中でも「熟字訓」が比較的多く出題されるので，これから準備をしましょう。

　出題形式は，従来「次の漢字の読みのうち，誤っているものはどれか」というものが大部分でしたが，最近は「次の漢字の読みのうち，正しいものはどれか」という出題形式が増えています。読みの対象となる漢字は「精進（しょうじん）」「一望（いちぼう）」などの二字熟語が大部分ですが，近頃は「促す（うながす）」「焦げる（こげる）」などの訓読みも出題されることがあります。

　漢字の実力を向上させるためには，毎日コツコツ，新しい漢字の読み方などを覚えていくとともに，すでに覚えた漢字のチェックが必要です。

2　漢字の書き取り

　「カタカナを漢字に書きかえる問題」と「下線部の漢字の使い方として誤っているものを選ぶ問題」は，毎年，それぞれ1問出題され，合計2問出題されています。ただ最近，出題数が1問の年もあります。

　「カタカナを漢字に書きかえる問題」「下線部の漢字の使い方として誤っているものを選ぶ問題」とも，「同音漢字」の問題に分類すべきかどうか，区別のつかないものがよく出題されています。なお，本試験において最後に頼りになるのは"漢字を手で覚えておくこと"なので，日頃から実際に書いて覚えることがポイントです。

3　同音・同訓の漢字

　先に述べたように，「書き取り」との区別がつきにくい問題がよく出題されます。出題数は「書き取り」の問題と合計で1〜2問です。

出題形式は，「熟語（漢字）の使い方として誤っているものは次のうちどれか」「次の下線部のうち，漢字の使い方として誤っているものはどれか」などです。

対策としては，「その漢字のもっている意味」をよく理解しておくことです。したがって，ただ覚えるのではなく，漢和辞典を使って１つひとつ漢字の意味をチェックし，覚えることがポイントです。出題対象となる漢字は限定されているので，じっくり取り組むことが大切です。

4 反対語（対義語）

毎年，１問出題されます。出題の対象となる反対語は漢字検定の準２～３級のものが大半を占め，次いで２級となっています。大部分は一度や二度は見たり聞いたりした熟語なので，これらを正確に覚えられるかがポイントになります。そのためには，繰り返しチェックすることが重要です。

出題形式は，かつては「次の反対語の組み合わせのうち，誤っているものはどれか」「次の反対語の組み合わせのうち，正しいものはどれか」「対義語の組み合わせとして，誤っているものはどれか」「対義語の組み合わせとして，正しいものはどれか」というものでしたが，最近は「対義語の組み合わせとして，正しいものはどれか」「下の熟語の対義語として，次のうち正しいものはどれか」というように，いずれの問題も"正しいもの"を問うものです。なお，反対語と対義語は同じ意味で使われています。

5 四字熟語

四字熟語に関する問題は毎年，１問出題されています。出題の対象となる四字熟語は比較的易しいものが多いので，まずは正確に読み，正確に書けるよう練習しましょう。正確に書くためには，頭で覚えるのではなく，実際に書いて覚えましょう。

出題形式は，「下の文中の□□□にあてはまる四字熟語として正しいものはどれか」「四字熟語の読みがすべて正しいものはどれか」「四字熟語の漢字がすべて正しいものはどれか」「○○○○の意味として最も妥当なものはどれか」です。つまり，それぞれの四字熟語が正確に読め，書け，そして，その意味を十分に理解することが求められます。

6 慣用句・ことわざ

慣用句から１問，ことわざから１問，合計２問出題される年が大半ですが，最近は１問の年もあります。慣用句の出題形式は，「下の文の意味を表す慣

用句として正しいものは，次のうちどれか」「下の慣用句の（　　）に該当する漢字として正しいものは次のうちどれか」などです。出題される慣用句は，「図に乗る」「長い目で見る」「味をしめる」「たかをくくる」「肩で風を切る」「棚に上げる」などで，誰もがよく耳にするものです。

　ことわざの出題形式は，「下の文の意味を表すことわざとして正しいものは，次のうちどれか」「下のことわざの（　　）にあてはまるものとして正しいものは，次のうちどれか」などです。出題されることわざは，「猫に小判」「二階から目薬」「石の上にも三年」「一寸の虫にも五分の魂」「海老（蝦）で鯛を釣る」などで，これも誰もがよく耳にするものです。

7　文学作品

　毎年，1問出題されます。日本文学からの出題が大部分で，海外文学はほぼ出題されません。

　日本文学を古典文学，近代文学，現代文学の3つに大別すると，近代文学からの出題が圧倒的に多いです。したがって，まずは近代文学から準備するとよいでしょう。出題形式は「作者と作品の組み合わせとして，誤っているものはどれか」「〇〇〇〇の作品として，正しいものはどれか」などですので，有名な作家の代表作を覚えておくこと。出題の対象となる作家とその代表作は本書でほとんど取りあげたので，これらを覚えれば準備OKといえます。

　古典文学についても著名な作品のみが出題対象となっているので，予想外の問題が出題される可能性は小さいといえます。準備が難しいのが現代文学で，これまで出題数も少ないこともあり，どこまで覚えればよいか，判断に迷うところです。まずは，本書で取りあげたものを覚えておきましょう。

8　部　首

　最近まったく出題されていません。よって，たとえ出題されたとしても1問です。

　問題の内容は簡単で，「次の部首名に該当する漢字を下から選びなさい」というものです。したがって，主な部首・部首名を覚えておけば容易に解けると思われます。

9　文　法

　従来は毎年1問だけ出題されていましたが，最近は3問出題されること

もあります。過去の出題テーマをみると,「文節の分け方」「文節と文節の関係」「品詞の説明」「名詞の分類」「形容詞」「形容動詞」「連体詞」「副詞」「助詞」「助動詞」「敬語」などで, 文法の重要テーマはほとんど出題されています。おそらく今後も, これらに類似した問題が繰り返し出題されるものと考えられます。

　出題内容は平易なものなので, 基礎的知識をマスターしておけばOKといえます。難しい問題は出題されないので, "広く浅く"をモットーに準備することがポイントといえます。

8　数学の出題傾向

1　式の加法・減法＆乗法・除法

　これまで毎年2問出題されていましたが,最近出題されていません。ただ, 数学の基本なので準備はしておきましょう。

2　乗法の公式＆因数分解

　これまで出題されていませんでしたが, 最近出題されています。今後, 数年間は因数分解が出題されると考えられます。

3　平方根

　出題はありません。しかし, 平方根が自由自在に使えなければ, 特に2次方程式を解く際に大きな支障をきたすので, これもマスターする必要があります。

4　1次方程式

　1次方程式の解を求める問題はほぼ毎年1問, 1次方程式の応用問題もほぼ毎年1問出題されています。分数の形をした方程式も練習しておきましょう。

5　連立方程式

　連立方程式の解を求める問題は毎年1問出題されていましたが, 今後は出題頻度が低下するかもしれません。連立方程式の応用問題についても出題頻度が低下すると考えられますが, 本番で確実に解けるように準備しておきたいところです。

6 2次方程式

2次方程式の解を求める問題は,毎年,1問出題されます。これまでは「解の公式」を使わなくても「因数分解」で解ける問題が大部分でしたが,最近は「解の公式」を使う問題がよく出題されます。2次方程式の応用問題もたまに出題されます。

7 1次不等式・2次不等式

最近,1次不等式が出題されるようになりました。この傾向は今後も続くと考えられます。2次不等式については不明ですが,出題の可能性は高まったとはいえます。

8 集合,データの分析

最近,集合から1問,データの分析から1問出題されるようになりました。この傾向は続くと思われますので,集合とデータの分析については完全マスターしておいてもらいたいところです。苦手意識をもっている人もいるでしょうが,チャレンジしてもらいたいです。

9 三角比

最近,三角比からも1問出題されるようになりました。これも苦手意識をもっている人がいると思いますが,繰り返し練習すれば慣れてきますので,チャレンジすることが肝要です。

10 角と平行線

「集合」「データの分析」「三角比」が毎年出題されると考えられますので,その分,図形関係の問題からの出題は減ると考えられます。

11 三角形と平行四辺形

出題される場合,「三角形の内角の和,平行線の性質,平行四辺形の性質」を使っての問題が多いです。

12 円の性質

「円周角の定理」に関する問題は,2〜3年に1問出題されていましたが,今後出題頻度は低下すると考えられます。また,「円に内接する四角形」「接線」に関する問題も平均して3〜4年に1回出題されていましたが,これも出題頻度は低下すると考えられます。

13　三平方の定理

　出題頻度は低いです。ただ，重要な分野なので，それなりの準備はしておきたいところです。

14　面積と体積

　平均して，2年に1問程度出題されていましたが，今後出題頻度は低下すると考えられます。面積については，表面積を求める問題が多いです。ここでのポイントは，まず，おうぎ形の面積の求め方を完全マスターすることです。体積については，公式を正確に覚えておきましょう。

15　相似な図形

　平均して，2〜3年に1問出題されていましたが，今後出題頻度は低下すると考えられます。「相似な図形」で最もよく出題されるのが2つの図形の面積比に関する問題です。

16　場合の数と確率

　毎年，1問出題されていましたが，最近は2問出題されることもあります。1問のときは「確率」を求める問題ですが，2問のときは「場合の数」を求める問題が加わります。いずれにせよ，この分野も他と同様，数多くの問題にあたり，解き方まで丸覚えするとよいでしょう。

17　道　順

　これまで1度出題されたことはありますが，以後まったく出題されていません。よって，余裕のある人だけが準備するとよいでしょう。

9　地理・歴史および公民の出題傾向

　P9で述べましたが，整理の意味で再度説明します。

〔必須科目〕

　　国語　　　10問
　　数学　　　10問
　　世界史A　4問

〔選択科目1〕

　　日本史A　3問
　　地理A　　3問　　）どちらかの科目を選んで解答

　　公共　　　　　　　　3問　　　　どちらかの科目を選んで解答
　　倫理・政治経済　　　3問　　
〔POINT〕
　　世界史Aの4問は必須解答です。
　　残りの6問については，　　　選択科目1から　　3問　　選択解答
　　　　　　　　　　　　　　　選択科目2から　　3問　　
　（注1）「日本史A」から2問，「地理A」から1問選んで，合計3問にす
　　　　　ることはできません。どちらかの科目を選びます。
　（注2）「公共」から1問，「倫理・政治経済」から2問選んで，合計3問
　　　　　にすることはできません。どちらかの科目を選びます。

1　世界史A

　　4問出題されるので，全問解答します。
　　古代から現代までが出題の対象ですが，比較的近代・現代からの出題が
多いといえます。よって，まずは第一次大戦の直前あたりから取り組み，
現代まで一通り準備するとよいでしょう。
　　特徴としては，詳しいことは問われないので，重要人物，重要な出来事
を中心に重要事項だけを覚えるようにするとよいでしょう。

2　日本史A

　　3問出題されます。
　　日本史Aは江戸時代末期〜現代までを取り扱っています。よって，古代，
中世などは出題されません。
　　世界史Aと同様，現代からの出題が多いです。よって，第二次世界大戦
直後あたりから取り組み，現代まで一通り準備するとよいでしょう。勉強
方法としては，重要な首相，重要人物に注目し，その関連事項を覚えてい
くことです。

3　地理A

　　3問出題されます。
　　比較的出題頻度が高いのは，海岸の地形，平野の地形，気候区分，地図
の投影法です。よって，まずはこれらから準備することです。勉強方法と
しては，その特徴に注目することで，細かい点まで覚える必要はありません。
例えば，メルカトル図法の場合，「経線・緯線が互いに直交する平行直線で

ある」と覚えておけばよいでしょう。

4 公 共

3問出題されます。

「公民」は従来，「現代社会」「倫理」「政治・経済」の3科目から構成されていましたが，「現代社会」が廃止になり，「公共」という新しい科目になりました。その関係で「公共」については記載を見合わせましたが，社会の諸課題について考える力を問うものになるとみられます。ふだんから世の中のさまざまな問題を自分で考えたり調べたりする習慣をつけておくことが対策となるでしょう。

5 倫 理

「政治・経済」とあわせて，合計3問出題されます。よって，出題数は1〜2問です。

比較的出題頻度が高いのは，「青年期と自己の課題」の分野なので，ここから準備するとよいでしょう。深い知識が問われることはないので，「青年を境界人と呼んだ学者はレヴィンである」というように覚えていけばよいと思います。

6 政治・経済

「倫理」とあわせて，合計3問出題されます。よって，出題数は1〜2問です。

「政治・経済」の取り扱っている分野は多岐にわたります。これに対して，出題数が1〜2問なので，どの分野が比較的よく出題されるとはいえません。したがって，対策としては，重要事項などを1つひとつ，コツコツ覚えるほかありません。

10 作文試験の対策

　先に述べたように，作文試験で課されるテーマは，「自衛隊に関するもの」と「日常的なもの」とに大別できます。

　「自衛隊に関するもの」としては，「自衛隊を志望した理由」「自衛隊の仕事と国民生活との関係」「自衛隊の役割について，あなたが思っていること」「国を守ることの大切さについて」などが挙げられます。自衛隊の志望理由を書く場合，自衛隊の仕事の概要を知らないことには，人を納得させるようなものは書けません。面倒でも，自衛隊の仕事など，自衛隊に関する基礎知識を勉強しておきましょう。

　「日常的なもの」については，「自分の長所と短所」「団体生活で気をつけること」「社会人として大切なこと」「責任を持つことの大切さ」「郷土を愛することについて」「規則に従うことの大切さについて」「日頃から良好な人間関係を築くことの大切さについて」などが挙げられます。これらの中から1つテーマを選び，1本作文を書いてみましょう。

　なお，作文を書く際の注意事項としては次のようなことが挙げられます。
　・制限時間（ここでは30分）を厳守すること。
　・段落を正しく分けて書くこと。
　・誤字，脱字がなく，送りがななどに誤りがないこと。
　・与えられたテーマを正しく捉えていること。
　・前文，本文，結びというように，論理的に構成されていること。
　・自分の意見をしっかり述べていること。
　・偏ったものの見方をしないこと。

11　試験の実施状況

〔男　子〕

年　　度	区分	応募者数	採用者数	倍　率
令　和 2 年 度	陸	15,057人	3,099人	4.9 倍
	海	3,392	534	6.4
	空	4,610	1,618	2.8
	計	23,059	5,251	4.4

年　　度	区分	応募者数	採用者数	倍　率
令　和 元 年 度	陸	14,663人	3,612人	4.1 倍
	海	3,509	640	5.5
	空	5,038	1,648	3.1
	計	23,210	5,900	3.9

〔女　子〕

年　　度	区分	応募者数	採用者数	倍　率
令　和 2 年 度	陸	3,578人	1,072人	3.3 倍
	海	845	105	8.0
	空	1,421	236	6.0
	計	5,844	1,413	4.1

年　　度	区分	応募者数	採用者数	倍　率
令　和 元 年 度	陸	3,434人	1,167人	2.9 倍
	海	932	131	7.1
	空	1,268	161	7.9
	計	5,634	1,459	3.9

12　採用候補者名簿記載通知書，採用予定通知書

（1）採用候補者への通知

選抜基準に達した者には，採用候補者名簿記載通知書が送付されます。なお，不合格者には通知されません。

（2）採用予定者への通知

採用候補者のうち，採用数に応じて，成績上位者から順に採用予定通知書が送付されます。

13　採用および将来

採用の日をもって，陸上・海上・航空自衛隊のそれぞれの自衛官候補生に任命されます。そして，自衛官候補生として３か月間の教育訓練を修了した後，２等陸・海・空士に任命されます。任用期間は，陸上自衛官が１年９か月（技術関係は２年９か月），海上・航空自衛官が２年９か月を１任期として任用されますが，引き続き自衛官として勤務を希望する者には，選考により２年を任期として継続任用されます。なお，選抜試験に合格すれば，曹さらには幹部に進む道も開かれています。

（技術の修得期間）

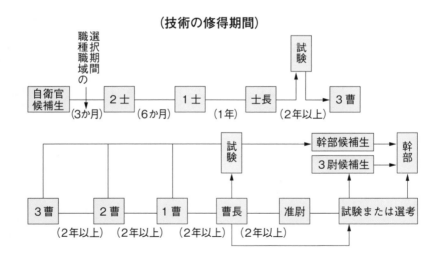

★志願書類の請求・提出先

地方協力本部	郵便番号	所　在　地	電話番号
札　幌	060-8542	札幌市中央区北4条西15丁目1	011(631)5472
函　館	042-0934	函館市広野町6-25	0138(53)6241
旭　川	070-0902	旭川市春光町国有無番地	0166(51)6055
帯　広	080-0024	帯広市西14条南14丁目4	0155(23)5882
青　森	030-0861	青森市長島1丁目3-5 青森第2合同庁舎2F	017(776)1594
岩　手	020-0023	盛岡市内丸7番25号 盛岡合同庁舎2F	019(623)3236
宮　城	983-0842	仙台市宮城野区五輪1丁目3-15 仙台第3合同庁舎1F	022(295)2612
秋　田	010-0951	秋田市山王4丁目3-34	018(823)5404
山　形	990-0041	山形市緑町1丁目5-48 山形地方合同庁舎1・2F	023(622)0712
福　島	960-8162	福島市南町86	024(546)1920
茨　城	310-0011	水戸市三の丸3丁目11-9	029(231)3315
栃　木	320-0043	宇都宮市桜5丁目1-13 宇都宮地方合同庁舎2F	028(634)3385
群　馬	371-0805	前橋市南町3丁目64-12	027(221)4471
埼　玉	330-0061	さいたま市浦和区常盤4丁目11-15 浦和地方合同庁舎3F	048(831)6043
千　葉	263-0021	千葉市稲毛区轟町1丁目1-17	043(251)7151
東　京	160-8850	新宿区市谷本村町10番1号	03(3260)0543
神奈川	231-0023	横浜市中区山下町253-2	045(662)9429
新　潟	950-8627	新潟市中央区美咲町1丁目1-1 新潟美咲合同庁舎1号館7F	025(285)0515
山　梨	400-0031	甲府市丸の内1丁目1番18号 甲府合同庁舎2F	055(253)1591
長　野	380-0846	長野市旭町1108 長野第2合同庁舎1F	026(233)2108
静　岡	420-0821	静岡市葵区柚木366	054(261)3151
富　山	930-0856	富山市牛島新町6-24	076(441)3271
石　川	921-8506	金沢市新神田4丁目3-10 金沢新神田合同庁舎3F	076(291)6250
福　井	910-0019	福井市春山1丁目1-54 福井春山合同庁舎10F	0776(23)1910
岐　阜	502-0817	岐阜市長良福光2675-3	058(232)3127
愛　知	454-0003	名古屋市中川区松重町3-41	052(331)6266
三　重	514-0003	津市桜橋1丁目91	059(225)0531
滋　賀	520-0044	大津市京町3-1-1 大津びわ湖合同庁舎5F	077(524)6446
京　都	604-8482	京都市中京区西ノ京笠殿町38 京都地方合同庁舎3F	075(803)0820

大　阪	540-0008	大阪市中央区大手前4-1-67 大阪合同庁舎第2号館3F	06(6942)0715
兵　庫	651-0073	神戸市中央区脇浜海岸通1-4-3 神戸防災合同庁舎4F	078(261)8600
奈　良	630-8301	奈良市高畑町552 奈良第2地方合同庁舎1F	0742(23)7001
和歌山	640-8287	和歌山市築港1丁目14-6	073(422)5116
鳥　取	680-0845	鳥取市富安2丁目89-4 鳥取第1地方合同庁舎6F	0857(23)2251
島　根	690-0841	松江市向島町134-10 松江地方合同庁舎4F	0852(21)0015
岡　山	700-8517	岡山市北区下石井1丁目4-1 岡山第2合同庁舎2F	086(226)0361
広　島	730-0012	広島市中区上八丁堀6-30 広島合同庁舎4号館6F	082(221)2957
山　口	753-0092	山口市八幡馬場814	083(922)2325
徳　島	770-0941	徳島市万代町3-5 徳島第2地方合同庁舎5F	088(623)2220
香　川	760-0019	高松市サンポート3-33 高松サンポート合同庁舎南館2F	087(823)9206
愛　媛	790-0003	松山市三番町8丁目352-1	089(941)8381
高　知	780-0061	高知市栄田町2-2-10 高知よさこい咲都合同庁舎8F	088(822)6128
福　岡	812-0878	福岡市博多区竹丘町1丁目12番	092(584)1881
佐　賀	840-0047	佐賀市与賀町2-18	0952(24)2291
長　崎	850-0862	長崎市出島町2-25 防衛省合同庁舎2F	095(826)8844
大　分	870-0016	大分市新川町2丁目1番36号 大分合同庁舎5F	097(536)6271
熊　本	860-0047	熊本市西区春日2丁目10-1 熊本地方合同庁舎B棟3F	096(297)2051
宮　崎	880-0901	宮崎市東大淀2丁目1-39	0985(53)2643
鹿児島	890-8541	鹿児島市東郡元町4番1号 鹿児島第2地方合同庁舎1F	099(253)8920
沖　縄	900-0016	那覇市前島3丁目24-3-1	098(866)5457

○合格基準表

〔男子の場合〕

身　長	体　重	体重超過の判定基準
cm	kg 以上	kg 以上
150.0〜	44	65
152.0〜	45	67
155.0〜	47	69
158.0〜	47.5	71.5
161.0〜	48	74
164.0〜	49	76.5
167.0〜	50	79
170.0〜	52	81.5
173.0〜	54	84
176.0〜	56	86.5
179.0〜	58	89
182.0〜	60	91.5
185.0〜	62	94
188.0〜	64	96.5
191.0〜	66	99

〔女子の場合〕

身　長	体　重	体重超過の判定基準
cm	kg 以上	kg 以上
140.0〜	38	52
142.0〜	39	53
145.0〜	40	55
148.0〜	42	57
150.0〜	43	58
152.0〜	43.5	59.5
155.0〜	44	62
158.0〜	44.5	64.5
161.0〜	45	67
164.0〜	46	69.5
167.0〜	47.5	72
170.0〜	49	74.5
173.0〜	51	77
176.0〜	53	79.5
179.0〜	55	82
182.0〜	57	85
185.0〜	59	88
188.0〜	61	91
191.0〜	63	94

国語

1. 漢字の読み

ここがポイント KEY

■試験によく出る読み（1）

①行脚	あんぎゃ	②為替	かわせ
③吹雪	ふぶき	④田舎	いなか
⑤成就	じょうじゅ	⑥建立	こんりゅう
⑦会釈	えしゃく	⑧奥義	おうぎ
⑨化身	けしん	⑩由緒	ゆいしょ
⑪柔和	にゅうわ	⑫執筆	しっぴつ
⑬音頭	おんど	⑭日和	ひより
⑮発端	ほったん	⑯漸進	ぜんしん
⑰梅雨	つゆ	⑱便乗	びんじょう
⑲河原	かわら	⑳相殺	そうさい
㉑境内	けいだい	㉒脚気	かっけ
㉓権化	ごんげ	㉔吐露	とろ
㉕法度	はっと	㉖怪我	けが
㉗供養	くよう	㉘白髪	しらが
㉙上手	じょうず	㉚雪崩	なだれ
㉛罷免	ひめん	㉜納得	なっとく
㉝祝詞	のりと	㉞土産	みやげ
㉟口調	くちょう	㊱解毒	げどく
㊲小豆	あずき	㊳初陣	ういじん
㊴容赦	ようしゃ	㊵精進	しょうじん
㊶浴衣	ゆかた	㊷市井	しせい
㊸久遠	くおん	㊹会得	えとく
㊺漸次	ぜんじ	㊻敷設	ふせつ
㊼下手	へた	㊽一矢	いっし
㊾珍重	ちんちょう	㊿気配	けはい
(51)履行	りこう	(52)凡例	はんれい

㊼	発 祥	はっしょう	㊴	出 納	すいとう
㊺	福 音	ふくいん	㊶	竹 刀	しない
㊾	施 行	しこう	㊸	舗 装	ほそう
㊿	憎 悪	ぞうお	⑳	誇 張	こちょう

■試験によく出る読み（2）

①	迎 合	げいごう	②	気 障	きざ
③	浸 透	しんとう	④	感 傷	かんしょう
⑤	時 雨	しぐれ	⑥	迷 惑	めいわく
⑦	海 女	あま	⑧	一 切	いっさい
⑨	超 越	ちょうえつ	⑩	郷 愁	きょうしゅう
⑪	若 人	わこうど	⑫	帰 省	きせい
⑬	河 童	かっぱ	⑭	早 苗	さなえ
⑮	携 帯	けいたい	⑯	灼 熱	しゃくねつ
⑰	果 物	くだもの	⑱	無 知	むち
⑲	封 建	ほうけん	⑳	触 発	しょくはつ
㉑	進 捗	しんちょく	㉒	折 衷	せっちゅう
㉓	木 陰	こかげ	㉔	治 山	ちさん
㉕	介 在	かいざい	㉖	遊 説	ゆうぜい
㉗	老 舗	しにせ	㉘	赤 銅	しゃくどう
㉙	既 定	きてい	㉚	代 替	だいたい
㉛	違 反	いはん	㉜	真 摯	しんし
㉝	双 肩	そうけん	㉞	冗 談	じょうだん
㉟	卑 怯	ひきょう	㊱	寄 席	よせ
㊲	滞 在	たいざい	㊳	平 穏	へいおん
㊴	排 斥	はいせき	㊵	渡 航	とこう
㊶	掲 載	けいさい	㊷	所 作	しょさ
㊸	尋 常	じんじょう	㊹	撤 回	てっかい
㊺	松 明	たいまつ	㊻	未 遂	みすい
㊼	該 当	がいとう	㊽	野 分	のわき（のわけ）
㊾	抽 出	ちゅうしゅつ	㊿	子 細	しさい
⑤	雄 鳥	おんどり	②	巧 妙	こうみょう
⑤	失 墜	しっつい	⑤	匿 名	とくめい

1 頻出問題 次の漢字の読みのうち，誤っているものはどれか。
①看　病（かんびょう）
②納　得（なっとく）
③精　進（しょうじん）
④畜　生（ちくしょう）
⑤漸　次（ざんじ）　　　　　　　　　　　　　　　　　　　（　　）

2 次の漢字の読みのうち，正しいものはどれか。
①建　立（けんりゅう）
②風　情（ふうじょう）
③供　養（くよう）
④流　転（りゅうてん）
⑤会　釈（かいしゃく）　　　　　　　　　　　　　　　　　（　　）

3 次の下線部の読みをひらがなで書きなさい。
①東京の会社員が雪崩に巻きこまれる。　　　　　　（　　　　　）
②新しい携帯電話を買う。　　　　　　　　　　　　（　　　　　）
③ディズニーランドに浴衣で行く。　　　　　　　　（　　　　　）
④心の平穏を求める。　　　　　　　　　　　　　　（　　　　　）
⑤大願成就を神仏に祈願する。　　　　　　　　　　（　　　　　）

4 頻出問題 次の漢字のふりがなのうち，誤っているものはどれか。
①出　納（すいとう）
②小　豆（あずき）
③雑　魚（ざこ）
④為　替（かわせ）
⑤玄　人（げいにん）

これも
覚えておこう!!

左の熟語はすべて熟字訓である。熟字訓とは，構成する各漢字の音訓にかかわらず，一語として意味を表して読むもの。

（　　）

5 次の漢字の読みを書きなさい。

①権　化（　　　　　）　②日　和（　　　　　）
③木　陰（　　　　　）　④音　頭（　　　　　）
⑤芝　生（　　　　　）　⑥果　物（　　　　　）
⑦相　殺（　　　　　）　⑧河　岸（　　　　　）
⑨行　脚（　　　　　）　⑩未　遂（　　　　　）

6 次の下線部の読みをひらがなで書きなさい。
　　イギリスは産業革命発祥の地である。　　　　　（　　　　　）

7 下線部について，（　　）の読みが正しいものはどれか。
①男の風上（かぜかみ）にも置けない。
②秋の気配（きはい）がしのびよる。
③由緒（ゆうしょ）ある家柄の出身である。
④渡航（とこう）の手続きに手間取る。
⑤事件を誇張（ほちょう）して取りあげる。　　　　（　　）

ANSWER-1　■漢字の読み

1　**⑤**　**解説**　「漸」の音読みはゼンである。「漸次」はぜんじが正しい。このほかに，漸進（ぜんしん），漸増（ぜんぞう），漸減（ぜんげん）などがある。
2　**③**　**解説**　①「建立」の正しい読みはこんりゅうである。②風情ふぜい　④流転るてん　⑤会釈えしゃく
3　①なだれ　②けいたい　③ゆかた　④へいおん　⑤じょうじゅ
4　**⑤**　**解説**　「玄人」の正しい読みはくろうとである。「玄人」の反対語は「素人しろうと」。
5　①ごんげ　②ひより　③こかげ　④おんど　⑤しばふ　⑥くだもの　⑦そうさい　⑧かし　⑨あんぎゃ　⑩みすい
6　はっしょう
7　**④**　**解説**　①「風上」の読みはかざかみが正しい。②気配けはい　③由緒ゆいしょ　⑤誇張こちょう

1 頻出問題 次の漢字の読みのうち，誤っているものはどれか。

①怪　我（けが）

②排　斥（はいせき）

③年　貢（ねんぐ）

④初　陣（しょじん）

⑤合　奏（がっそう）　　　　　　　　　　　　　　　　　　　　（　　）

2 次の下線部の読みをひらがなで（　　）に書きなさい。

①全国を遊説して回る。　　　　　　　　　　　　　（　　　　　）

②この植物には解毒作用がある。　　　　　　　　　（　　　　　）

③多くの人々が飢餓に苦しむ。　　　　　　　　　　（　　　　　）

④上役の命令に服従する。　　　　　　　　　　　　（　　　　　）

⑤京都の老舗ののれんを守る。　　　　　　　　　　（　　　　　）

3 次の漢字の読みを（　　）に書きなさい。

①笑　顔（　　　　）　　　②工　面（　　　　　）

③境　内（　　　　）　　　④頭　取（　　　　　）

⑤容　赦（　　　　）　　　⑥下　手（　　　　　）

⑦仮　病（　　　　）　　　⑧山　彦（　　　　　）

⑨風　呂（　　　　）　　　⑩珍　重（　　　　　）

4 頻出問題 下線部の漢字の読み方として，誤っているものはどれか。

①朝早く玄関先を掃く —— はく

②彼女は愛情に飢えている —— うえている

③たくましい精神力を培う —— やしなう

④黄金を地中に埋める —— うめる

⑤哀れな人と同情される —— あわれな　　　　　　　　　　　（　　）

5 頻出問題 次の漢字のふりがなのうち，誤っているものはどれか。
①上 着 （うわぎ）
②夕 方 （ゆうがた）
③偽 物 （にせもの）
④木 立 （きだち）
⑤厚 紙 （あつがみ） （   ）

6 次の漢字の読みのうち，正しいものはどれか。
①折 衷 （せっそく）
②雄 鳥 （おすどり）
③赤 銅 （せきどう）
④時 雨 （さみだれ）
⑤祝 詞 （のりと） （   ）

7 次の下線部の読みをひらがなで（   ）に書きなさい。
自転車から落ち，片手（   ）が使えない。

ANSWER-2 ■漢字の読み

1 ④ 解説 「初陣」の正しい読みはういじん。「初」の音読みはショ，訓読みははじ（め），はつ，うい，そ（める）。

2 ①ゆうぜい ②げどく ③きが ④ふくじゅう ⑤しにせ

3 ①えがお ②くめん ③けいだい ④とうどり ⑤ようしゃ ⑥へた ⑦けびょう ⑧やまびこ ⑨ふろ ⑩ちんちょう

4 ③ 解説 「培」の訓読みは「つちかう」であり，音読みは「バイ」。「苗木を大事に培う」などとしても使う。

5 ④ 解説 「木」の訓読みはきとこの２つがある。「木立」の正しい読みはこだちである。

6 ⑤ 解説 ①「折衷」の正しい読みはせっちゅう。②雄鳥おんどり なお，「雌鳥」の正しい読みはめんどり。③赤銅しゃくどう ④時雨しぐれ「さみだれ」は「五月雨」と書く。

7 かたて 解説 「かたで」ではない。

1 頻出問題 次の漢字の読みのうち，誤っているものはどれか。

①腕　前（うでまえ）

②干　物（ひもの）

③鼻　血（はなぢ）

④内　気（ないき）

⑤時　宜（じぎ）　　　　　　　　　　　　　　　　　　　　　（　　）

2 次の漢字の読みを（　　）に書きなさい。

①歯　車（　　　　）　　②蒲　焼（　　　　）

③産　湯（　　　　）　　④支　度（　　　　）

⑤化　身（　　　　）　　⑥久　遠（　　　　）

⑦常　夏（　　　　）　　⑧敷　設（　　　　）

⑨体　裁（　　　　）　　⑩寄　席（　　　　）

⑪留　守（　　　　）　　⑫岩　場（　　　　）

⑬木　刀（　　　　）　　⑭無　駄（　　　　）

⑮浸　透（　　　　）　　⑯冗　談（　　　　）

⑰海　女（　　　　）　　⑱松　明（　　　　）

⑲失　墜（　　　　）　　⑳手　品（　　　　）

3 次の下線部の読みを（　　）に書きなさい。

①これまでの苦労が水泡に帰す。　　　　　　　　　（　　　　）

②工場で真面目に働く。　　　　　　　　　　　　　（　　　　）

③交渉が一気に進捗する。　　　　　　　　　　　　（　　　　）

④都会の雑踏からぬけだしたい。　　　　　　　　　（　　　　）

⑤事件の発端は今から10年前にさかのぼる。　　　（　　　　）

⑥修行の結果，人生を超越する。　　　　　　　　　（　　　　）

⑦唯一の取り柄は記憶力がよいことです。　　　　　（　　　　）

⑧一日中，パソコンを操作する。　　　　　　　　　（　　　　）

⑨交通の不便な場所から通勤する。　　　　　　　　（　　　　）

⑩あの二人は親しい間柄である。　　　　　　　　　（　　　　）

4 頻出問題 次の漢字のふりがなのうち，誤っているものはどれか。
①奉　行（ぶぎょう）
②灼　熱（しゃくねつ）
③雨　雲（あめぐも）
④古　傷（ふるきず）
⑤奥　義（おうぎ）
（　　）

5 頻出問題 下線部の漢字の読み方として，誤っているものはどれか。
①交差点では注意を怠るな ── なまけるな
②母校の名を辱める ── はずかしめる
③この事件には女が絡んでいる ── からんでいる
④会社が巨額の損失を被る ── こうむる
⑤病人を慰めようと心を砕く ── くだく

ANSWER-3 ■漢字の読み

1 **④** 解説 「内気」の正しい読みはうちき。「内気な性格のため，自分の意見が言えない」などと使う。

2 ①はぐるま　②かばやき　③うぶゆ　④したく　⑤けしん　⑥くおん　⑦とこなつ　⑧ふせつ　⑨ていさい　⑩よせ　⑪るす　⑫いわば　⑬ぼくとう　⑭むだ　⑮しんとう　⑯じょうだん　⑰あま　⑱たいまつ　⑲しっつい　⑳てじな

3 ①すいほう　②まじめ　③しんちょく　④ざっとう　⑤ほったん　⑥ちょうえつ　⑦ゆいいつ　⑧そうさ　⑨ふべん　⑩あいだがら

4 **③** 解説 「雨」の訓読みはあめとあまの2通り。「雨雲」の正しい読みはあまぐも。また，「雨靴」はあまぐつと読む。

5 **①** 解説 「怠」の訓読みは「おこたる」「なまける」であり，音読みは「タイ」。「交差点では注意を怠るな」の場合には，「おこたる」と読む。一方，「学校を怠けて，映画をみる」の場合には，「なまけて」と読む。

1 頻出問題 次の漢字のうち，誤っているものはどれか。
①田 舎 （いなか）
②吐 露 （とろ）
③安 易 （あんい）
④仕 業 （しごう）
⑤街 頭 （がいとう）　　　　　　　　　　　　　（　　）

2 次の下線部の読みをひらがなで書きなさい。
①気力が衰える。（　　）②事件を闇に葬る。（　　）
③安眠を妨げる。（　　）④愚かな行いを反省する。（　　）
⑤梅雨空が恨めしい。（　　）⑥金を搾り取る。（　　）
⑦クラス会を催す。（　　）⑧慌ただしい毎日を送る。（　　）
⑨高い理想を掲げる。（　　）⑩刃物をもって脅す。（　　）
⑪一人娘が嫁ぐ。（　　）⑫ふところが潤う。（　　）
⑬右手が凍える。（　　）⑭車の流れが滞る。（　　）
⑮遺伝子の研究に励む。（　　）⑯病状を憂える。（　　）
⑰任地に赴く。（　　）⑱時間に縛られる。（　　）
⑲鉄を鍛える。（　　）⑳甘い言葉で人を惑わす。（　　）

3 次の漢字の読みを（　　）に書きなさい。
①花 束（　　）②白 壁（　　）
③便 乗（　　）④河 原（　　）
⑤下 品（　　）⑥和 尚（　　）
⑦間一髪（　　）⑧最 期（　　）
⑨風 邪（　　）⑩潮 風（　　）
⑪素 性（　　）⑫有頂天（　　）
⑬無邪気（　　）⑭脚 気（　　）
⑮夕 立（　　）⑯火 花（　　）
⑰殺風景（　　）⑱床 下（　　）
⑲寝 言（　　）⑳紫外線（　　）

4 頻出問題 次の漢字のふりがなのうち，誤っているものはどれか。
①土 産（みやげ）
②初 雪（はつゆき）
③福 音（ふくいん）
④家 路（いえじ）
⑤憎 悪（ぞうあく）　　　　　　　　　　　　　　　　　　（　）

5 漢字の読み方として，誤っているものはどれか。
①諮る　　――　　<u>はかる</u>
②携える　――　　<u>たずさえる</u>
③欺く　　――　　<u>あざむく</u>
④擦れる　――　　<u>たれる</u>
⑤殴る　　――　　<u>なぐる</u>　　　　　　　　　　　　　（　）

ANSWER-4 ■漢字の読み

1 ④ 解説 「仕業」の正しい読みはしわざ。「業」の音読みはギョウ，ゴウ，訓読みはわざ。「自業自得」はじごうじとくと読む。また，「卒業」はそつぎょうと読む。なお，⑤の「街頭」はがいとうであるが，「街道」はかいどうと読む。

2 ①おとろ　②ほうむ　③さまた　④おろ　⑤うら　⑥しぼ　⑦もよお　⑧あわ　⑨かか　⑩おど　⑪とつ　⑫うるお　⑬こご　⑭とどこお　⑮はげ　⑯うれ　⑰おもむ　⑱しば　⑲きた　⑳まど

3 ①はなたば　②しらかべ　③びんじょう　④かわら　⑤げひん　⑥おしょう　⑦かんいっぱつ　⑧さいご　⑨かぜ　⑩しおかぜ　⑪すじょう　⑫うちょうてん　⑬むじゃき　⑭かっけ　⑮ゆうだち　⑯ひばな　⑰さっぷうけい　⑱ゆかした　⑲ねごと　⑳しがいせん

4 ⑤ 解説 「悪」の音読みはアクとオの2通り。「憎悪」の正しい読みはぞうお，なお，「凶悪」はきょうあく，「悪寒」はおかんと読む。

5 ④ 解説 「擦れる」は「すれる」と読む。「擦」の音読みはサツ。「摩擦まさつ」などとして使われる。

2. 漢字の書き取り

ここがポイント❶

■試験によく出る書き取り

①大気**オセン**を防止する。 ①汚　染

②細かく**ブンセキ**して調査する。 ②分　析

③国際**ジョウセイ**が急激に変化する。 ③情　勢

④日米の首脳が**アクシュ**する。 ④握　手

⑤スーパーで生活**ヒツジュ**品をそろえる。 ⑤必　需

⑥油断は**キンモツ**だ。 ⑥禁　物

⑦首都圏の交通量を**キセイ**する。 ⑦規　制

⑧わが国は地下**シゲン**が乏しい。 ⑧資　源

⑨会員名簿から脱会者の名前を**サクジョ**する。 ⑨削　除

⑩**ムジュン**している点を指摘する。 ⑩矛　盾

⑪二人の**イケン**が対立する。 ⑪意　見

⑫関係者への**ハイリョ**が足りない。 ⑫配　慮

⑬会社に**タイグウ**の改善を要求する。 ⑬待　遇

⑭**センド**の落ちた魚の値段は安くなる。 ⑭鮮　度

⑮海外生活に**イチマツ**の不安を感じる。 ⑮一　抹

⑯初めて**ヒナン**訓練に参加する。 ⑯避　難

⑰彼には**ハンセイ**の色がまったく見えない。 ⑰反　省

⑱大地震の**ゼンチョウ**について研究する。 ⑱前　兆

⑲夏の暑さで，頭が**サンマン**になる。 ⑲散　漫

⑳久しぶりに温泉地で**セイヨウ**する。 ⑳静　養

㉑友人の**シンライ**を裏切る。 ㉑信　頼

㉒場内は**コウフン**のるつぼと化す。 ㉒興　奮

㉓旅行の**メンミツ**な計画を立てる。 ㉓綿　密

㉔自動車の**ハイキ**ガスの量を減少させる。 ㉔排　気

㉕**サイガイ**対策本部を設置する。 ㉕災　害

国語

㉖大量の書類を**ショウキャク**する。
㉗３日間，**ダンジキ**をする。
㉘**キョウハク**状が舞い込む。
㉙著作権を**シンガイ**する。
㉚会社の**センパイ**から注意される。
㉛反抗的な**タイド**を取る。
㉜**キュウエン**物資を空輸する。
㉝江戸**ジョウチョ**豊かな町並みを歩く。
㉞押し売りを**ゲキタイ**する。
㉟大学進学を**ダンネン**する。
㊱死と**トナ**り合わせの冒険を体験する。
㊲**マッセキ**に名を連ねる。
㊳血液の**ジュンカン**をよくする薬を飲む。
㊴お客を安全な所に**ユウドウ**する。
㊵**ケイハク**な人とはつきあいたくない。

㉖焼	却	
㉗断	食	
㉘脅	迫	
㉙侵	害	
㉚先	輩	
㉛態	度	
㉜救	援	
㉝情	緒	
㉞撃	退	
㉟断	念	
㊱隣		
㊲末	席	
㊳循	環	
㊴誘	導	
㊵軽	薄	

■**まちがえやすい書き取り**

①黒幕が〔影／陰〕で糸を引く。
②政治学の〔講義／構義〕を聴く。
③京都で〔遇然／偶然〕友達と出会う。
④心に〔明記／銘記〕する。
⑤〔寸仮／寸暇〕を惜しんで働く。
⑥デフレーションが〔漫性／慢性〕化する。
⑦２学期に〔成積／成績〕が上がる。
⑧彼女の占いは〔不思議／不思儀〕に当たる。
⑨〔遍見／偏見〕にとらわれないことだ。
⑩警察が証拠書類を〔押集／押収〕する。
⑪〔後侮／後悔〕先に立たず。
⑫事を〔穏便／穏敏〕に収める。
⑬勝利の〔歓声／観声〕を上げる。
⑭容疑者が犯行を〔非認／否認〕する。
⑮先生が〔模範／摸範〕演技を行う。
⑯〔仮空／架空〕の人物を登場させる。

①陰		
②講	義	
③偶	然	
④銘	記	
⑤寸	暇	
⑥慢	性	
⑦成	績	
⑧不思	議	
⑨偏	見	
⑩押	収	
⑪後	悔	
⑫穏	便	
⑬歓	声	
⑭否	認	
⑮模	範	
⑯架	空	

1 頻出問題 次の下線部のカタカナを漢字で書きなさい。
さまざまな困難をコクフクする。 （　　　　）

2 次の下線部のカタカナを漢字で書きなさい。
①テレビの代金をブンカツ（　　　　）で支払う。
②人気ゼッチョウ（　　　　）の歌手が来日する。
③郷土のデントウ（　　　　）芸能を大切にする。
④ジャンボ機の燃料をホキュウ（　　　　）する。
⑤新しい会社をセツリツ（　　　　）する。
⑥コウシュウ（　　　　）の面前で大臣が倒れる。
⑦免許をとるためにシンセイ（　　　　）する。
⑧久しぶりにドウソウ（　　　　）会に出席する。
⑨労働時間を大幅にタンシュク（　　　　）する。
⑩全従業員のカンシン（　　　　）を集める。

3 頻出問題 下線部の熟語が誤っているものは，次のうちどれか。
①倒産した会社を再建する。
②大水で家が侵水した。
③彼女は仕事上の相棒である。
④決定的な証拠を握る。
⑤冒険だがチャレンジしてみる。 （　　　　）

4 カタカナに用いる漢字として正しいものは，次のうちどれか。
①疲労がかなりチクセキしている。　：畜積
②キンチョウした顔つきになる。　：緊帳
③この文章はチョウフクが多い。　：重復
④必要な資金をクメンする。　：工面
⑤趣旨をテッテイさせる。　：撤底 （　　　　）

5 頻出問題 次の下線部のカタカナを漢字で書きなさい。
人々に<u>カンメイ</u>を与える小説を書きたい。 （　　　）

6 次の下線部のカタカナを漢字で書きなさい。
①交通違反で<u>バッキン</u>を払う。 （　　　）
②友人を熱烈に<u>カンゲイ</u>する。 （　　　）
③部屋にガスが<u>ジュウマン</u>する。 （　　　）
④<u>コクセキ</u>不明の飛行機を発見する。 （　　　）
⑤事件の<u>ハイゴ</u>関係を調べる。 （　　　）
⑥異国の文化を<u>キュウシュウ</u>する。 （　　　）
⑦<u>オオガタ</u>の台風が日本に接近する。 （　　　）
⑧感謝状を<u>ジュヨ</u>する。 （　　　）
⑨味方の<u>ハタイロ</u>が悪くなる。 （　　　）
⑩<u>ゼンカイ</u>して復職する。 （　　　）

ANSWER-1 ■漢字の書き取り

1 克服 解説 このタイプの問題の場合，実際に「克服」を書かせるのではなく，例えば，「①告腹　②克腹　③刻腹　④告服　⑤克服」の5つの選択肢の中から1つを選ぶというものである。よって，この場合，正確は⑤となる。

2 ①分割　②絶頂　③伝統　④補給　⑤設立　⑥公衆　⑦申請　⑧同窓　⑨短縮　⑩関心

3 ② 解説 「侵水」ではなく，「浸水」が正しい。「侵」の訓読みはおか（す）で，「侵害」「侵攻」「侵食」などの熟語がある。一方，「浸」の訓読みはひた（す）で，「浸水」「浸透」などの熟語がある。

4 ④ 解説 ①畜積（×）→蓄積（○）　②緊帳（×）→緊張（○）③重復（×）→重複（○）　⑤撤底（×）→徹底（○）

5 感銘（肝銘）解説 「カンメイに答える」の場合は，簡明を使う。

6 ①罰金　②歓迎　③充満　④国籍　⑤背後　⑥吸収　⑦大型　⑧授与　⑨旗色　⑩全快

1 頻出問題 下線部の漢字が誤っているものはどれか。
①子どもが気声を発して騒ぐ。
②屋根に積もった雪で家がこわれる。
③この時計は精巧にできている。
④西の横綱が３場所ぶりに優勝した。
⑤世間に真相を公表する。 （　　　）

2 次の下線部のカタカナを漢字で書きなさい。
①列車のショウトツ事故が起きる。 （　　　）
②ケショウ品を通信販売で購入する。 （　　　）
③説明会をズイジ開催します。 （　　　）
④彼は今大会，クッシの投手である。 （　　　）
⑤コウレイの祭が来週行われる。 （　　　）
⑥ラッシュ時のコンザツを避ける。 （　　　）
⑦ショミンの生活が苦しくなる。 （　　　）
⑧ケンゲンを部下に委譲する。 （　　　）
⑨部屋に防音ソウチをつける。 （　　　）
⑩大学病院で肝臓のチリョウをする。 （　　　）

3 カタカナを正しく漢字に書きかえているのはどれか。
①新しい通商条約をテイケツ（提結）する。
②ハンカ（繁華）街で火事が発生した。
③遭難船が孤島にヒョウチャク（標着）する。
④市役所の公金をオウリョウ（横糧）する。
⑤その件はサッキュウ（殺急）に処理します。 （　　　）

4 頻出漢字 次の下線部のカタカナを漢字で書きなさい。
人の話をケンキョに聞く。 （　　　）

5 頻出問題 下線部の漢字が誤っているものはどれか。
　①メーカーに販売の<u>自粛</u>を求める。
　②品物を店頭に多数<u>陳列</u>する。
　③自殺<u>未逐</u>者が全国で増えている。
　④制服を<u>無償</u>で支給する。
　⑤<u>貴重</u>な宝物を拝観する。　　　　　　　　　　　　　（　　）

6 　次の下線部のカタカナを漢字で書きなさい。
　①相続の権利を<u>ホウキ</u>する。　　　　　　　　　（　　　　）
　②奇抜な<u>フクソウ</u>で町を歩く。　　　　　　　　（　　　　）
　③A国との国交を<u>ダンゼツ</u>する。　　　　　　　（　　　　）
　④二階で妙な<u>モノオト</u>がした。　　　　　　　　（　　　　）
　⑤それは<u>シゴク</u>迷惑な話である。　　　　　　　（　　　　）
　⑥この地区は建物が<u>リンセツ</u>している。　　　　（　　　　）
　⑦不良品の<u>ツイホウ</u>運動を展開する。　　　　　（　　　　）
　⑧決して<u>ダキョウ</u>は許さない。　　　　　　　　（　　　　）

ANSWER-2　■漢字の書き取り

1 ❶ 解説 「気声」という熟語はない。奇声が正しい熟語で，奇妙な声という意味である。なお，④の「横綱」を「横網」と勘違いしないこと。

2 ①衝突　②化粧　③随時　④屈指　⑤恒例　⑥混雑　⑦庶民　⑧権限
　⑨装置　⑩治療

3 ❷ 解説 ①提結（×）→締結（○）　③標着（×）→漂着（○）
　④横糧（×）→横領（○）　⑤殺急（×）→早急（○）

4 謙虚 解説 「虚」は，「虚栄（きょえい），虚飾（きょしょく），虚心（きょしん）」などとして使われる。

5 ❸ 解説 未逐（×）→未遂（○）　なお，「逐」の音読みはチクで，「逐一，逐次」などとして使われる。また，「遂（スイ）」は，「遂行，完遂」などとして使われる。

6 ①放棄　②服装　③断絶　④物音　⑤至極　⑥隣接　⑦追放　⑧妥協

TEST-3 ■漢字の書き取り

1 頻出問題 次の下線部のカタカナを漢字で書きなさい。
車の中で女性が<u>チッソク</u>死する。　　　　　　　　（　　　）

2 カタカナに用いる漢字として正しいものは，次のうちどれか。
①上司が二人の部下の<u>チュウサイ</u>に入る。　：仲裁
②<u>ヨウダイ</u>が急に悪化する。　　　　　　　：様態
③昨年以降，物価が<u>トウキ</u>している。　　　：騰貴
④強盗団の<u>ゲンキョウ</u>を捕らえる。　　　　：元凶
⑤ここ数日，空気が<u>カンソウ</u>している。　　：乾操　　（　　　）

3 頻出問題 下線部の熟語が誤っているものはどれか。
①今回の成功は彼の<u>功績</u>によるものである。
②父はいくつかの会社の<u>顧問</u>をしている。
③<u>生来</u>の怠慢はなかなか直らない。
④会社の<u>内情</u>を暴露する。
⑤<u>惰落</u>した政治を国民の力で変えていく。　　　（　　　）

4 次の下線部のカタカナを漢字で書きない。
①3年分の石油を<u>ビチク</u>（　　　　）する。
②地方公共団体が<u>サイニュウ</u>（　　　　）不足に陥る。
③この資料は<u>キショウ</u>（　　　　）価値がある。
④救援運動が全国に<u>ハキュウ</u>（　　　　）する。
⑤来年で<u>ソウギョウ</u>（　　　　）40年を迎える。
⑥病院で<u>テンテキ</u>（　　　）を受ける。
⑦富士山の<u>チュウフク</u>（　　　　）で<u>昼食</u>をとる。
⑧当事者に<u>ベンメイ</u>（　　　）を求める。
⑨地震で国道が<u>スンダン</u>（　　　　）される。
⑩小遣いを<u>ケンヤク</u>（　　　）する。

5 カタカナを正しく漢字に書きかえているのはどれか。
①古代の遺跡をハックツ（発堀）する。
②彼女の歌はケッコウ（結構）上手だ。
③ショウミ（正身）3時間も勉強していない。
④犯人は都内にセンプク（僭伏）しているようだ。
⑤難しい局面をダカイ（打解）する。 （　　）

6 頻出問題 下線部の漢字が誤っているものはどれか。
①邪魔者を排徐する。
②彼はすぐれた素質をもっている。
③上司と緊密な連絡を保つ。
④家族に友人を紹介する。
⑤他人から誤解されることが多い。 （　　）

ANSWER-3 ■漢字の書き取り

1 窒息 解説 「息」は，「生息（せいそく），休息（きゅうそく），息災（そくさい），利息（りそく），子息（しそく）」などとして使われる。

2 ④ 解説 ①仲栽(×)→仲裁(○)　②様態(×)→容態(○)
③謄貴(×)→騰貴(○)　⑤乾操(×)→乾燥(○)

3 ⑤ 解説 惰落(×)→堕落(○)「惰」の意味は「おこたる」。「惰性，惰眠」などとして使われる。

4 ①備蓄　②歳入　③希少　④波及　⑤創業　⑥点滴　⑦中腹　⑧弁明
⑨寸断　⑩倹約

5 ② 解説 ①発堀(×)→発掘(○)　③正身(×)→正味(○)
④僭伏(×)→潜伏(○)　⑤打解(×)→打開(○)

6 ① 解説 排徐(×)→排除(○)「徐」の意味は「ゆるやかに，おもむろに，しずかに」。「徐行」「徐々に」として使われる。

1　　頻出問題　次の下線部のカタカナを漢字で書きなさい。
難民救済に<u>ケンシン</u>する。　　　　　　　　　　　　　　　（　　　　）

2　　次の下線部のカタカナを漢字で書きなさい。
①<u>コウギ</u>（　　　　）集会を東京で開く。
②政治<u>ケンキン</u>（　　　　）の禁止を検討する。
③重い荷物を<u>ウンパン</u>（　　　　）する。
④彼女は<u>テイサイ</u>（　　　　）を気にしない。
⑤<u>テンボウ</u>（　　　　）台から横浜港を見わたす。
⑥大雨による<u>コウズイ</u>（　　　　）で 10 人死亡する。
⑦多額の<u>フサイ</u>（　　　　）が経営を圧迫する。
⑧正当な<u>ホウシュウ</u>（　　　　）を得ていない。
⑨<u>マンゼン</u>（　　　　）と日を送る。
⑩衣類を<u>コヅツミ</u>（　　　　）で送る。

3　　頻出問題　下線部の漢字が誤っているものはどれか。
①土地を<u>担保</u>に入れる。
②やかんの湯が<u>沸騰</u>する。
③営業<u>防害</u>で裁判所に訴える。
④私の<u>睡眠</u>時間はおよそ8時間です。
⑤<u>一斉</u>取り締まりを行う。　　　　　　　　　　　　　　　　（　　　　）

4　　カタカナを正しく漢字に書きかえているのはどれか。
①世界平和にコウケン（興献）する。
②規則をゲンカク（厳閣）に守る。
③犯人に自首をセットク（説徳）する。
④新しい環境にジュンノウ（順応）する。
⑤名古屋支店へのエイテン（栄典）を祝う。　　　　　　　　　（　　　　）

5 カタカナに用いる漢字として正しいものは，次のうちどれか。
①建設業界のドウセイをさぐる。　　　　：動勢
②情報化社会のヘイガイがあらわれる。　：幣害
③弁明にヤッキとなる。　　　　　　　　：躍気
④ハンプクして練習する。　　　　　　　：反複
⑤講演のタイヨウをまとめる。　　　　　：大要　　　　（　　）

6 次の下線部のカタカナを漢字で書きなさい。
①用意バンタン（　　　　）ととのう。
②毎日，セントウ（　　　　）に通う。
③剣道のゴクイ（　　　　）を授ける。
④謝ったほうがトクサク（　　　　）である。
⑤モウレツ（　　　　）な勢いで走っていく。
⑥キュウチ（　　　　）に追い込まれる。
⑦体のコショウ（　　　　）で1年間休養する。
⑧感極まってゼック（　　　　）する。

ANSWER-4　■漢字の書き取り

1 献身　**解説**　「献心」と書き誤らないこと。
2 ①抗議　②献金　③運搬　④体裁　⑤展望　⑥洪水　⑦負債　⑧報酬
⑨漫然　⑩小包
3 ❸　**解説**　防害（×）→妨害（○）「妨」の訓読みはさまた（げる）。
4 ❹　**解説**　①興献（×）→貢献（○）　②厳閣（×）→厳格（○）
③説徳（×）→説得（○）　⑤栄典（×）→栄転（○）
5 ❺　**解説**　①動勢（×）→動静（○）　②幣害（×）→弊害（○）
③躍気（×）→躍起（○）　④反複（×）→反復（○）
6 ①万端　②銭湯　③極意　④得策　⑤猛烈　⑥窮地　⑦故障　⑧絶句

3. 同音・同訓の漢字

ここがポイント KEY

■試験によく出る同音異義語

①コウセイな裁判　公正
②文章のコウセイ　構成
③コウセイ施設　厚生
④会社コウセイ法　更生

⑤花をカンショウする　観賞
⑥音楽カンショウ　鑑賞
⑦カンショウに浸る　感傷
⑧カンショウ地帯　緩衝

⑨カイキの延長　会期
⑩北カイキ線　回帰
⑪複雑カイキ　怪奇
⑫カイキ日食　皆既

⑬セイサンと消費　生産
⑭借金のセイサン　清算
⑮運賃のセイサン　精算
⑯勝利のセイサンあり　成算

⑰自分ジシン　自身
⑱ジシン満々　自信
⑲ジシンの予知　地震

⑳ハンコウを認める　犯行
㉑親にハンコウする　反抗
㉒ハンコウに転ずる　反攻

㉓シンチョウを測る　身長
㉔シンチョウに構える　慎重
㉕意味シンチョウ　深長

㉖幸福のツイキュウ　追求
㉗真理のツイキュウ　追究
㉘責任のツイキュウ　追及

㉙物物コウカン　交換
㉚コウカンを持つ　好感
㉛コウカン神経　交感

㉜団体コウショウ　交渉
㉝コウショウな趣味　高尚
㉞時代コウショウ　考証

㉟左右タイショウ　対称
㊱読者タイショウ　対象
㊲色のタイショウ　対照

㊳シンニュウ禁止　進入
㊴盗賊のシンニュウ　侵入
㊵泥水のシンニュウ　浸入

㊶セイコウな時計　精巧
㊷セイコウを収める　成功

㊸キョウチョウ性　協調
㊹決意をキョウチョウする　強調

㊺カンシンをもつ　関心
㊻カンシンを買う　歓心

㊼人工エイセイ　衛星
㊽エイセイ中立国　永世

㊾シンコウ方向　進行
㊿科学のシンコウ　振興

(51)あゆ漁のカイキン　解禁
(52)カイキン賞　皆勤

㊼技術カクシン　　革新
㊽カクシンに触れる　核心

㊺セイメイ保険　　生命
㊻共同セイメイ　　声明

㊼有効キゲン　　　期限
㊽国家のキゲン　　起源

㊾設備トウシ　　　投資
㊿トウシを燃やす　闘志

■試験によく出る同訓異字

①目の色をかえる　変
②担当をかえる　　替
③車を乗りかえる　換

④意見があう　　　合
⑤12時にあう　　　会
⑥交通事故にあう　遭

⑦時間をハカる　　計
⑧便宜をハカる　　図
⑨目方をハカる　　量

⑩魚をトる　　　　捕
⑪社員をトる　　　採
⑫写真をトる　　　撮

⑬痛みがトまる　　止
⑭宿にトまる　　　泊
⑮目にトまる　　　留

⑯湯がアツい　　　熱
⑰人情にアツい　　厚
⑱アツい夏　　　　暑

⑲気勢をアげる　　上
⑳てんぷらをアげる　揚
㉑全力をアげる　　挙

㉒頭をウつ　　　　打
㉓敵をウつ　　　　討
㉔鳥をウつ　　　　撃

㉕法をオカす　　　犯
㉖人権をオカす　　侵
㉗危険をオカす　　冒

㉘税金をオサめる　納
㉙国をオサめる　　治
㉚学問をオサめる　修

㉛会議をススめる　進
㉜入会をススめる　勧

㉝列車にノる　　　乗
㉞新聞にノる　　　載

㊴芝居をミる　　　観
㊵患者をミる　　　診

㊶故郷にカエる　　帰
㊷我にカエる　　　返

㉟山にノボる　　　登
㊱日がノボる　　　昇

㊲傷がナオる　　　治
㊳故障がナオる　　直

㊸頭角をアラワす　現
㊹敬意をアラワす　表

㊺峠をコえる　　　越
㊻予想をコえる　　超

㊼小包をオクる　　送
㊽拍手をオクる　　贈

㊾うわさがタつ　　立
㊿銅像がタつ　　　建

1　下線部の熟語の使い方として誤っているものは，次のうちどれか。

①人事<u>異動</u>で転勤する。

②自然<u>現象</u>を観察する。

③衆議院で<u>強行</u>採決がなされる。

④贈り物を<u>交換</u>する。

⑤道路と線路が<u>平行</u>する。　　　　（　　）

> **まちがえやすい 同音異義語**
>
> ・いし…意志・意思
> ・いじょう…異状・異常
> ・かいほう…解放・開放
> ・かんしん…関心・感心
> ・きせい…規制・規正
> ・こうい…厚意・好意
> ・じったい…実体・実態

2　**頻出問題** 次の下線部にあてはまる漢字はどれか。

出馬の要請を<u>コジ</u>する。

①固　持

②固　辞

③故　事

④誇　示

⑤居　士　　　　　　　　　　　　　　　　　　（　　）

3　次のうち，漢字の誤りがあるものはどれか。

①植物園で菊花を観照する。

②流行性感冒で学校を休む。

③賃金の引き上げを要請する。

④よく健闘したが最後は負けた。

⑤病気で仕事に支障をきたす。　　　　　　　（　　）

4　次の下線部のうち，漢字の使い方として誤っているものはどれか。

①時代が<u>変</u>わる。

②家の<u>周</u>りを歩く。

③成績が<u>良</u>い。

④結婚式を<u>挙</u>げる。

⑤水深を<u>量</u>る。　　　　　　　　　　　　（　　）

5 下線部のカタカナに用いる漢字として正しいものは，次のうちどれか。
上着の汚れを<u>ト</u>る。
①捕
②取
③採
④執
⑤撮

（　　）

ANSWER-1 ■同音・同訓の漢字

1 **⑤** **解説** ①「人事異動」を「人事移動」と誤って覚えないこと。③「キョウコウ」については，「強攻策に出る」「強硬に主張する」「世界恐慌」なども出題対象となる。④「コウカン」については，「交感神経」「交歓会を開く」「好感を与える」なども出題対象となる。⑤平行（×）→並行（○）「平行」は，「平行移動」「交渉は平行線をたどる」などで使われる。これらのほかに「平衡感覚」「うるさくて閉口した」などで使われる「ヘイコウ」もある。

2 **②** **解説** ①「自説を固持する」などで使われる。③故事にならう。④国力を誇示する。⑤一言居士（いちげんこじ）。

3 **①** **解説** ①観照（×）→観賞（○）「観照」とは，主観を交えずに冷静に対象の本質を思索することで，「現実を観照する」などとして使われる。

4 **⑤** **解説** ⑤「水深をハカる」の場合，測を使う。量は「容積を量る」などで使われる。

5 **②** **解説** ①「大飛球を捕る」などで使う。②「資格を取る」「責任を取る」などもある。③血を採る。④事務を執る。⑤写真を撮る。

1 頻出問題 次の下線部にあてはまる漢字はどれか。

A社の営業部長は<u>キコウ</u>の持ち主といわれる。

①気　功

②貴　公

③奇　行

④機　甲

⑤気　孔

（　　）

2 次の下線部のうち，漢字の使い方として誤っているものはどれか。

①子どもから目を<u>離</u>す

②目的地にやっと<u>着</u>く。

③冬になると古傷が<u>痛</u>む。

④兄は地元の企業に<u>務</u>めている。

⑤学力を一気に<u>伸</u>ばす。

（　　）

3 下線部の熟語の使い方として誤っているものは，次のうちどれか。

①マラソンを途中で<u>棄権</u>する。

②霊前に<u>生花</u>を供える。

③窓を開けて<u>喚起</u>する。

④各地で武力<u>抗争</u>が発生する。

⑤店舗を全面<u>改装</u>する。

（　　）

4 下線部のカタカナに用いる漢字として正しいものは，次のうちどれか。

午後10時に成田空港を<u>タ</u>つ。

①発

②経

③断

④立

⑤絶

（　　）

5 　次のうち，漢字の誤りがあるものはどれか。
①日本の歴史を概観する。
②悪の道から更生する。
③臨時国会を召集する。
④国民の総意に基づく。
⑤不利な態勢から強引な技をうつ。　　　　　　　　（　　）

ANSWER-2 ■同音・同訓の漢字

1　**③**　解説　②「貴公」とは，男性が同輩以下の相手に対して用いる語で，「これみな貴公のおかげだ」などとして使う。③「奇行」とは，人並みはずれた奇抜な行動のこと。なお，「帰航」「帰港」「寄港」はまちがえやすいので，これらの違いをしっかり覚えておこう。

2　**④**　解説　①「鳥をハナす」の場合には，放を使う。②「ツく」にはほかに，「利子が付く」「職に就く」「棒で突く」などがある。③「家がイタむ」の場合には，傷を使う。④務(×)→勤(○)「務」の場合，「司会を務める」「主役を務める」などで使う。また，「解決に努める」も覚えておこう。⑤「延」の場合，「返事を延ばす」「期限を延ばす」などで使う。

3　**③**　解説　①「棄」の訓読みはす(てる)。②「セイカ」には，「成果が実る」「青果市場」「盛夏の候」「聖火ランナー」「声価を高める」などもある。③喚起(×)→換気(○)「喚起」は「世論を喚起する」などで使われる。また，「カンキ」には「勝利に歓喜する」「寒気がゆるむ」などもある。④「コウソウ」には「構想を練る」「高層建築」などもある。⑤「カイソウ」には，「過去を回想する」「回送電車」などもある。

4　**①**　解説　②月日が経つ。③酒を断つ，退路を断つ。④うわさが立つ，煙が立つ。⑤消息を絶つ。

5　**⑤**　解説　①「ガイカン」には「建物の外観」「内憂外患」などもある。②「コウセイ」には，「後世に名を残す」「印刷物の校正」「攻勢に転ずる」などもある。③国会の「ショウシュウ」は召集であるが，株主総会などの「ショウシュウ」は招集。④「ソウイ」には「創意工夫」「勝つに相違ない」などもある。⑤態勢(×)→体勢(○)「態勢」の場合，「販売態勢を整える」などと使われる。

1 漢字の使い方として誤っているものは，次のうちどれか。

①事後の対策に腐心する。

②人跡未踏の秘境を探検する。

③税金を徴収する。

④これを立ち直りの契気としたい。

⑤敗戦は必至の情勢である。　　（　　）

まちがえやすい
同音異義語

・しゅうしゅう…収集・収拾
・しょうかい…紹介・照会
・せいさん…清算・精算
・たいせい…体勢・態勢
・ついきゅう…追求・追究・追及
・ほしょう…保証・保障・補償

2 頻出問題 次の下線部にあてはまる漢字
はどれか。

　ケイショウの地を見学する。

①景　　勝

②継　　承

③軽　　傷

④警　　鐘

⑤敬　　称　　　　　　　　　　　（　　）

3 次の下線部のうち，漢字の使い方として誤っているものはどれか。

①家には5人居る

②想像に硬くない。

③代替案を3人で練る。

④昨夜から雪がひどく降る。

⑤庭を美しく揺く。　　　　　（　　）

4 次のうち，漢字の誤りがあるのはどれか。

①日曜日に校庭を開放する。

②漂泊剤を入れて洗濯をする。

③しぶしぶ仮装行列に出る。

④一般教養の課程を修了する。

⑤総理大臣主催の園遊会に行く。　（　　）

5 次の下線部のうち，漢字の使い方が誤っているものはどれか。

①彼の仕事は<u>粗</u>い。

②京都の知人を<u>訪</u>ねる。

③砂糖に塩が<u>混</u>じる。

④<u>敗</u>れて悔いなし。

⑤エンジンが火を<u>吹</u>く。　　　　　　　　　　　　　（　　）

ANSWER-3 ■同音・同訓の漢字

1 **④** **解説** ①「フシン」には，「政治不信」「食欲不振」「不審を抱く」「家を普請する」などもある。②「前人未到の大記録を樹立する」も覚えておこう。③「徴集」と「徴収」の違いは，徴収が取り立てるのに対し，徴集は国家などが強制的に集めることで，「徴集兵」などとして使われる。④契気（×）→契機（○）　「ケイキ」には「景気の回復」などもある。⑤「ヒッシ」には，「必死の抵抗を試みる」などもある。

2 **①** **解説** ②伝統を継承する。③けがは軽傷ですむ。④警鐘を鳴らす。⑤敬称を略す。

3 **②** **解説** ①「イる」には「仏門に入る」「保証人が要る」「弓を射る」などもある。②硬（×）→難（○）　「硬」は，「硬い土」「表現が硬い」などで使う。「カタい」には，「固い約束」「口が堅い」などもある。④「フる」には，「首を振る」などもある。⑤「ハく」には，「弱音を吐く」「靴を履く」などもある。

4 **②** **解説** ①「カイホウ」には，「病人の介抱」「病気が快方に向かう」「人質を解放する」などもある。②漂泊（×）→漂白（○）「漂泊」は「漂泊の旅」「漂泊の歌人」などで使われる。③「カソウ」には，「仮想敵国」「火葬場」などもある。④「カテイ」には，「生産の過程」「もはや仮定の問題ではない」「家庭教師」などもある。⑤「シュサイ」には，「同人誌を主宰する」もある。

5 **⑤** **解説** ①人使いが荒い。②由来を尋ねる。③男の中に女が1人交じる。④国破れて山河あり。⑤吹（×）→噴（○）「吹く」は，「風が吹く」「笛を吹く」などで使われる。

1 次の下線部のうち，漢字の使い方として誤っているものはどれか。
①3か月，家を空ける。
②この薬はとてもよく効く。
③あきらめるのはまだ速い。
④医者が患者を診る。
⑤先生に先日の無礼を謝る。 （　　）

2 下線部の熟語の使い方として誤っているものは，次のうちどれか。
①その事は必ず守ると誓約する。
②マイコンが内蔵されている。
③国家の興廃がかかっている。
④部下に責任を転化する。
⑤緊急の事態に対処する。 （　　）

3 頻出問題 次の下線部にあてはまる漢字はどれか。
　コウシンに道を譲る。
①後　進
②後　身
③恒　心
④更　新
⑤交　信 （　　）

4 次のうち，漢字の誤りがあるのはどれか。
①人々の怒りを一身に受ける。
②青春時代を懐古する。
③護身のために柔道を習う。
④自動車免許証の交付を受ける。
⑤きびしい制裁を受ける。 （　　）

5 下線部のカタカナに用いる漢字として正しいものは，次のうちどれか。
ネクタイが服にぴったり<u>ア</u>う。

①合
②遭
③遇
④会
⑤逢

( )

ANSWER-4 ■同音・同訓の漢字

1 ❸ **解説** ①夜が明ける，窓を開ける。②機転が利く。③速(×)→早
(○)　「速」は，「足が速い」「川の流れが速い」などとして使われる。
「早」は，「まだ時間が早い」「出足が早い」などとして使われる。④絵本
を見る。⑤解答を誤る。

2 ❹ **解説** ①行動が制約される，製薬会社に勤務する。②内臓を検査す
る。③人心が荒廃する，御高配にあずかる，花粉の交配，後輩に慕われる。
④転化(×)→転嫁(○)「食品添加物」「自動点火装置」「異質の成分に転化
する」「天下一品」。⑤装置自体に問題がある，出場を辞退する。

3 ❶ **解説** ②早稲田大学は東京専門学校の後身である。③恒産なき者は
恒心なし。④記録を更新する。⑤無線で交信する。

4 ❷ **解説** ①「イッシン」には，「一心同体」「面目を一新する」「一進
一退」などもある。②懐古(×)→回顧(○)「懐古」は「懐古の情」「懐
古趣味」などで使われる。③「ゴシン」には「医者の誤診」などもある。
④「コウフ」には，「憲法が公布される」などもある。⑤「セイサイ」に
は，「精細な描写」「精彩を欠いている」などもある。

5 ❶ **解説** ②事故に遭う。③雨に遇う。⑤恋人に逢う。

4. 反対語（対義語）

ここがポイント KEY

■試験によく出る反対語（1）

①相対	絶対	②保守	革新
③供給	需要	④積極	消極
⑤一般	特殊	⑥原因	結果
⑦容易	困難	⑧黒字	赤字
⑨販売	購買	⑩生産	消費
⑪成功	失敗	⑫平和	戦争
⑬異常	正常	⑭概略	詳細
⑮肯定	否定	⑯利益	損失
⑰延長	短縮	⑱善意	悪意
⑲受動	能動	⑳服従	反抗
㉑単純	複雑	㉒安心	心配
㉓遺失	拾得	㉔許可	禁止
㉕原則	例外	㉖平穏	不穏
㉗建設	破壊	㉘楽観	悲観
㉙慢性	急性	㉚促進	抑制
㉛硬派	軟派	㉜分裂	統一
㉝天災	人災	㉞軽率	慎重
㉟人工	自然	㊱理想	現実
㊲豊富	欠乏	㊳増加	減少
㊴自慢	卑下	㊵勝利	敗北
㊶形式	内容	㊷穏健	過激
㊸本質	現象	㊹直線	曲線
㊺華美	質素	㊻希望	失望
㊼往路	復路	㊽派遣	召還
㊾博識	無知	㊿好転	悪化

■試験によく出る反対語（2）

①	安全	危険		②	時間	空間
③	権利	義務		④	開放	閉鎖
⑤	運動	静止		⑥	未来	過去
⑦	浪費	節約		⑧	外交	内政
⑨	輸出	輸入		⑩	収縮	膨張
⑪	出席	欠席		⑫	上昇	下降
⑬	直接	間接		⑭	地味	派手
⑮	進化	退化		⑯	加盟	脱退
⑰	入学	卒業		⑱	実質	名目
⑲	並列	直列		⑳	有利	不利
㉑	及第	落第		㉒	感情	理性
㉓	可決	否決		㉔	極楽	地獄
㉕	放任	干渉		㉖	釈放	拘束
㉗	依存	自立		㉘	敵対	友好
㉙	当選	落選		㉚	没落	繁栄
㉛	収入	支出		㉜	単調	変化
㉝	平等	差別		㉞	就任	解任
㉟	起工	落成		㊱	継続	中断
㊲	点火	消火		㊳	拡大	縮小
㊴	原告	被告		㊵	親身	冷淡
㊶	円満	不和		㊷	満潮	干潮
㊸	淡泊	濃厚		㊹	長所	短所
㊺	分散	集中		㊻	防止	助長
㊼	全体	部分		㊽	鋭角	鈍角
㊾	専業	兼業		㊿	動物	植物
51	与党	野党		52	興奮	冷静
53	一事	万事		54	質疑	応答
55	公開	秘密		56	公営	私営
57	起床	就寝		58	防御	攻撃
59	却下	受理		60	真実	虚偽

1 頻出問題 次の反対語の組み合わせのうち，誤っているものはどれか。

①変　化 —— 推　移
②破　壊 —— 建　設
③許　可 —— 禁　止
④軽　率 —— 慎　重
⑤就　職 —— 退　職　　　　　（　　）

> 丸覚え
>
> 「夢中−必死」「任務−使命」
> 「原因−理由」「突然−不意」
> はいずれも類義語である。

2 頻出問題 対義語の組み合わせとして，正しいものはどれか。

①特　有 —— 固　有　　②断　行 —— 決　行
③原　則 —— 例　外　　④論　理 —— 理　屈
⑤模　範 —— 手　本　　　　　　　　　　（　　）

3 「生産」の反対語は次のうちどれか。

①消　費　　　②需　要
③流　通　　　④購　買
⑤供　給　　　　　　　　　　　　　　　（　　）

4 頻出問題 対義語の組み合わせとして，誤っているものはどれか。

①軽　薄 —— 重　厚
②往　路 —— 復　路
③好　況 —— 不　況
④沈　着 —— 冷　静
⑤具体的 —— 抽象的　　　　（　　）

> 注意しよう!!
>
> 「喜劇−悲劇」は対義語だ
> が，「自然−天然」は類義
> 語である。

5 頻出問題 対義語の組み合わせとして，正しいものはどれか。

①団　結 —— 結　束　　②計　略 —— 策　略
③豊　富 —— 欠　乏　　④専　念 —— 没　頭
⑤倹　約 —— 節　約　　　　　　　　　　（　　）

6 「理性」の反対語は次のうちどれか。
①道　理　　②感　情
③品　格　　④主　観
⑤知　性　　　　　　　　　　　　　　　　　　（　　）

ANSWER-1 ■反対語（対義語）

1 **①** 解説　「変化」と「推移」とは類義語の関係にある。このように，「反対語（対義語）」の問題で類義語がよく出題されるので，「誤っている選択肢は類義語ではないか」と疑ってみよう。

2 **③** 解説　①②④⑤はいずれも類義語である。反対語とは「互いに反対の意味を表す語」のことであり，対義語とは「意味が正反対の関係にある語」のことである。つまり，反対語と対義語はほぼ同じもので，本試験においても「反対語」と「対義語」は同じものとして出題されているので，反対語＝対義語としてとらえればよい。

3 **①** 解説　「生産」の反対語は消費，「需要」の反対語は供給，「購買」の反対語は販売である。

4 **④** 解説　「軽薄－重厚」「往路－復路」「好況－不況」「具体的－抽象的」はいずれも対義語であるが，タイプが異なる。
　①「軽薄－重厚」の場合，「軽－重」「薄－厚」がいずれも相対字となっている。このタイプには，「拡大－縮小」「優良－劣悪」などがある。②「往路－復路」の場合，「往－復」のみが相対字となっている。このタイプには，「積極－消極」「輸出－輸入」などがある。③「好況－不況」の場合，打消語（不，否，非，未，無）を用いることで対義語をつくっている。このタイプには「肯定－否定」「可決－否決」などがある。⑤「具体的－抽象的」の場合，全体として対義語となっている。このタイプの対義語が最も多く，「保守－革新」「原因－結果」などがある。

5 **③** 解説　①②④⑤はいずれも類義語・同意語である。

6 **②** 解説　「道理」の反対語は無理，「主観」の反対語は客観である。

1 頻出問題 対義語の組み合わせとして，誤っているものはどれか。

①縮　小 —— 拡　大

②質　素 —— 華　美

③絶　対 —— 相　対

④寄　与 —— 貢　献

⑤抑　制 —— 促　進　　　　　　　　　　　　　　　　　　　（　　）

2 頻出問題 次の反対語の組み合わせのうち，誤っているものはどれか。

①短　縮 —— 延　長

②安　全 —— 心　配

③成　功 —— 失　敗

④繁　栄 —— 没　落

⑤理　想 —— 現　実　　　　　　　　　　　　　　　　　　　（　　）

3 次の組み合わせのうち，反対語はいくつあるか。

消　火——点　火	詳　細——概　略
慢　性——急　性	本　質——外　観
利　益——損　傷	穏　健——過　激
自　慢——卑　下	布　教——伝　道

①3つ　　　②4つ　　　③5つ

④6つ　　　⑤7つ　　　　　　　　　　　　　　　　　　　（　　）

4 反対語の組み合わせだけを挙げているものはどれか。

ア　人　工 —— 自　然	イ　地　味 —— 派　手
ウ　複　雑 —— 単　純	エ　時　間 —— 次　元
オ　全　体 —— 皆　無	カ　反　抗 —— 服　従

①ア・イ・ウ・カ　　②ア・イ・エ・オ

③ア・ウ・エ・オ　　④イ・エ・カ

⑤ウ・オ・カ　　　　　　　　　　　　　　　　　　　　　（　　）

5 頻出問題 対義語の組み合わせとして，正しいものは次のうちどれか。

①濃　厚 —— 薄　弱
②綿　密 —— 精　密
③永　眠 —— 他　界
④放　任 —— 拘　束
⑤統　一 —— 分　裂　　　（　　）

これも覚えておこう!!

対義語は「相対字」を使ってつくられることが多い。「濃」の相対字は淡，「薄」の相対字は厚である。

ANSWER-2　■反対語（対義語）

1　④　解説　「寄与－貢献」は類義語である。

2　②　解説　「安全」の反対語は危険，「心配」の反対語は安心である。このように，「一見すると反対語に思われるが，よく考えると反対語ではないもの」もよく出題されるので，慎重に問題を考えることが肝要である。

3　③　解説　反対語は，「消火－点火」「詳細－概略」「慢性－急性」「穏健－過激」「自慢－卑下」の5つである。

「本質」の反対語は現象である。また，「外観」の反対語は内容である。「利益」の反対語は損失である。「布教－伝道」は類義語である。

4　①　解説　反対語は，ア：人工－自然，イ：地味－派手，ウ：複雑－単純，カ：反抗－服従，の4つである。

「時間」の反対語は空間である。なお，通常の「空間」は3次元で，これに「時間」を加えると「4次元」となる。「全体」の反対語は部分である。また，「皆無」の反対語は豊富である。欠乏も「豊富」の反対語であるので，反対語が2つ以上あるものもあることを覚えておくとよい。

5　⑤　解説　①「濃厚」の反対語は淡泊である。「薄弱」の反対語は強固である。②「綿密－精密」は類義語。③「永眠－他界」は類義語。④「放任」の反対語は干渉である。「拘束」とは「行動の自由を制限すること」なので，その反対語は解放である。

1 頻出問題 対義語の組み合わせとして，誤っているものはどれか。

①起　工 ―― 着　工

②与　党 ―― 野　党

③平　穏 ―― 不　穏

④友　好 ―― 敵　対

⑤遺　失 ―― 拾　得　　　　　　　　　　　　　　　　　　（　　）

2 「親身」の反対語は次のうちどれか。

①反　目　　　②冷　淡　　　③親　密

④抗　争　　　⑤疎　遠　　　　　　　　　　　　　　　　　（　　）

3 次の組み合わせのうち，反対語はいくつあるか。

満　潮 ―― 干　潮	自　立 ―― 依　存
静　止 ―― 運　動	落　第 ―― 及　第
無　知 ―― 博　識	外　交 ―― 政　治
進　化 ―― 退　化	特　殊 ―― 一　般

①3つ　　　②4つ　　　③5つ

④6つ　　　⑤7つ　　　　　　　　　　　　　　　　　　　（　　）

4 「派遣」の反対語は次のうちどれか。

①帰　還　　　②生　還　　　③送　還

④召　還　　　⑤返　還　　　　　　　　　　　　　　　　　（　　）

5 反対語の組み合わせだけを挙げているものはどれか。

ア　特　別 ―― 格　別	イ　公　開 ―― 秘　密
ウ　好　転 ―― 悪　化	エ　受　理 ―― 拒　否
オ　創　造 ―― 破　壊	カ　権　利 ―― 義　務

①ア・イ・ウ・カ　　　②ア・ウ・エ・オ

③ア・イ・エ・オ　　　④イ・ウ・カ

⑤エ・オ・カ　　　　　　　　　　　　　　　　　　　　　（　　）

6 頻出問題 対義語の組み合わせとして，誤っているものはどれか。

①帰　納 —— 演　繹

②紳　士 —— 淑　女

③円　満 —— 不　和

④無　欠 —— 完　全

⑤促　進 —— 抑　制　　　　　　　　　　　　　　　　　（　　）

ANSWER-3 ■反対語（対義語）

1 **①** 解説 「起工－着工」は類義語である。「起工」の反対語は落成，完工，竣工である。

2 **②** 解説 「親密」と「疎遠」は反対語である。①「反目」の反対語は親睦，懇親である。④「抗争」の反対語も「親睦」「懇親」である。

3 **⑤** 解説 「外交」の反対語は内政である。なお，「政治」は「内政」と「外交」に大別される。

4 **④** 解説 頻出問題ではないが，この形式の問題がたまに出題される。このタイプの問題を解く際のポイントは，その二字熟語から受けるイメージを重視し，比較・検討することである。

　①帰還とは，宇宙や戦地など，遠く離れた所から基地や母国に帰ることである。②生還とは，無事に生きて帰ることである。③送還とは，人を送りかえすことである。④召還とは，派遣していた者を呼びもどすことである。⑤返還とは，手に入れたものや借りていたものをもとにかえすことである。

5 **④** 解説 反対語は，イ：公開－秘密，ウ：好転－悪化，カ：権利－義務，の３つである。

　ア：「特別－格別」は類義語である。エ：「受理」の反対語は却下である。「受理」とは，書類などを正式に受けとることである。「拒否」の反対語は承認である。オ：「創造」の反対語は模倣であり，「破壊」の反対語は建設である。

6 **④** 解説 「無欠－完全」は類義語である。「無欠」とは，欠けたところのないことである。

5. 四字熟語

■試験によく出る四字熟語（1）

①支離滅裂	しりめつれつ	②異口同音	いくどうおん
③単刀直入	たんとうちょくにゅう	④無我夢中	むがむちゅう
⑤温故知新	おんこちしん	⑥捲土重来	けんどちょうらい
⑦疑心暗鬼	ぎしんあんき	⑧危機一髪	ききいっぱつ
⑨悪口雑言	あっこうぞうごん	⑩喜怒哀楽	きどあいらく
⑪意味深長	いみしんちょう	⑫一石二鳥	いっせきにちょう
⑬奇想天外	きそうてんがい	⑭責任転嫁	せきにんてんか
⑮悠悠自適	ゆうゆうじてき	⑯心機一転	しんきいってん
⑰起死回生	きしかいせい	⑱千変万化	せんぺんばんか
⑲馬耳東風	ばじとうふう	⑳油断大敵	ゆだんたいてき
㉑一網打尽	いちもうだじん	㉒唯我独尊	ゆいがどくそん
㉓取捨選択	しゅしゃせんたく	㉔絶体絶命	ぜったいぜつめい
㉕意気投合	いきとうごう	㉖口頭試問	こうとうしもん
㉗以心伝心	いしんでんしん	㉘独断専行	どくだんせんこう
㉙神出鬼没	しんしゅつきぼつ	㉚臨機応変	りんきおうへん
㉛右往左往	うおうさおう	㉜機会均等	きかいきんとう
㉝千客万来	せんきゃくばんらい	㉞事実無根	じじつむこん
㉟青天白日	せいてんはくじつ	㊱起承転結	きしょうてんけつ
㊲大義名分	たいぎめいぶん	㊳千差万別	せんさばんべつ
㊴意気揚揚	いきようよう	㊵優柔不断	ゆうじゅうふだん
㊶誠心誠意	せいしんせいい	㊷針小棒大	しんしょうぼうだい
㊸連帯責任	れんたいせきにん	㊹大器晩成	たいきばんせい
㊺人跡未踏	じんせきみとう	㊻薄志弱行	はくしじゃっこう
㊼二束三文	にそくさんもん	㊽老若男女	ろうにゃくなんにょ
㊾周知徹底	しゅうちてってい	㊿厚顔無恥	こうがんむち

■試験によく出る四字熟語（2）

①電光石火	でんこうせっか	②日進月歩	にっしんげっぽ
③四面楚歌	しめんそか	④天変地異	てんぺんちい
⑤半信半疑	はんしんはんぎ	⑥聖人君子	せいじんくんし
⑦東奔西走	とうほんせいそう	⑧自暴自棄	じぼうじき
⑨利害得失	りがいとくしつ	⑩栄枯盛衰	えいこせいすい
⑪四苦八苦	しくはっく	⑫意思表示	いしひょうじ
⑬竜頭蛇尾	りゅうとうだび	⑭臓器移植	ぞうきいしょく
⑮前代未聞	ぜんだいみもん	⑯決選投票	けっせんとうひょう
⑰空理空論	くうりくうろん	⑱意気消沈	いきしょうちん
⑲百家争鳴	ひゃっかそうめい	⑳開口一番	かいこういちばん
㉑付和雷同	ふわらいどう	㉒有名無実	ゆうめいむじつ
㉓天衣無縫	てんいむほう	㉔言語道断	ごんごどうだん
㉕沈着冷静	ちんちゃくれいせい	㉖夫唱婦随	ふしょうふずい
㉗陣頭指揮	じんとうしき	㉘連鎖反応	れんさはんのう
㉙笑止千万	しょうしせんばん	㉚治外法権	ちがいほうけん
㉛興味本位	きょうみほんい	㉜悪戦苦闘	あくせんくとう
㉝一朝一夕	いっちょういっせき	㉞適材適所	てきざいてきしょ
㉟言文一致	げんぶんいっち	㊱五里霧中	ごりむちゅう
㊲門外不出	もんがいふしゅつ	㊳耐震家屋	たいしんかおく
㊴有為転変	ういてんぺん	㊵強行採決	きょうこうさいけつ
㊶自画自賛	じがじさん	㊷一触即発	いっしょくそくはつ
㊸人面獣心	じんめんじゅうしん	㊹粉骨砕身	ふんこつさいしん
㊺千載一遇	せんざいいちぐう	㊻準備万端	じゅんびばんたん
㊼傍若無人	ぼうじゃくぶじん	㊽美辞麗句	びじれいく
㊾旧態依然	きゅうたいいぜん	㊿面会謝絶	めんかいしゃぜつ
(51)薄利多売	はくりたばい	(52)無病息災	むびょうそくさい
(53)三位一体	さんみいったい	(54)明鏡止水	めいきょうしすい
(55)天地無用	てんちむよう	(56)一刀両断	いっとうりょうだん
(57)被害妄想	ひがいもうそう	(58)闘志満々	とうしまんまん
(59)時間厳守	じかんげんしゅ	(60)一期一会	いちごいちえ

1 頻出問題 次の四字熟語のうち，誤っているものはどれか。
①単刀直入
②危機一発
③以心伝心
④意思表示
⑤厚顔無恥 （　　）

これも覚えておこう!!
（○）快刀乱麻　（×）快投乱魔
（○）勧善懲悪　（×）完全懲悪
（○）心機一転　（×）心気一転

2 四字熟語の読み方として，誤っているものはどれか。
①悪口雑言 （あっこうぞうげん）
②一網打尽 （いちもうだじん）
③一朝一夕 （いっちょういっせき）
④捲土重来 （けんどちょうらい）
⑤百家争鳴 （ひゃっかそうめい） （　　）

3 頻出問題 次の四字熟語のうち，漢字に誤りがあるのはどれか。
①天地無用 （てんちむよう）
②優柔不断 （ゆうじゅうふだん）
③連帯責任 （れんたいせきにん）
④絶対絶命 （ぜったいぜつめい）
⑤支離滅裂 （しりめつれつ） （　　）

4 次の四字熟語の空欄に入る漢字はどれか。
　無我□中
①霧
②謀
③夢
④無
⑤矛 （　　）

これも覚えておこう!!
四字熟語の大部分は，二字熟語が2つ組み合わされたものなので，前の二字と後の二字を分けて考えてみるとよい。つまり，「無我」と「□中」である。

5 頻出問題 次の四字熟語のうち，誤っているものはどれか。
①一触即発　　②大器晩成
③温故知新　　④言語道断
⑤口答試問　　　　　　　　　　　　　　　　　　（　　）

四字熟語の組み立て方（Ⅰ）

　四字熟語の組み立ては，基本的には5つのタイプに分けられる。

タイプ1 前の2字と後の2字が似た意味で一対になっているもの
〈例〉完全無欠，沈思黙考，天変地異

タイプ2 前の2字と後の2字が反対の意味で一対となっているもの
〈例〉大同小異，半信半疑，朝令暮改

タイプ3 前の2字も後の2字もそれぞれ対義語になっていて，しかも前と後が
一対になっているもの
〈例〉喜怒哀楽，老若男女，栄枯盛衰

ANSWER-1 ■四字熟語

1 ② 解説 ①「単刀直入」の場合，「単」を「短」（誤り）と勘違いしない
こと。②「危機一発」は誤りで，「危機一髪」が正しい。③「以心伝心」
の場合，「以」を「意」（誤り）と勘違いしないこと。④「意思表示」を
「意志表示」（誤り）として覚えないこと。⑤「厚顔無恥」の場合，「恥」
を「知」（誤り）と勘違いしないこと。

2 ① 解説 「悪口雑言」の正しい読み方は「あっこうぞうごん」である。

3 ④ 解説 「絶対絶命」は誤りで，「絶体絶命」が正しい。①「天地無用」
の場合，「用」を「要」（誤り）と勘違いしないこと。②「優柔不断」の場
合，「柔」を「従」（誤り）と勘違いしないこと。③「連帯責任」の場合，
「帯」を「体」（誤り）と勘違いしないこと。⑤「支離滅裂」の場合，「支」
を「四」（誤り）と勘違いしないこと。

4 ③ 解説 「無我夢中」とは，「ある物事に熱中するあまり，我を忘れて
しまうこと」である。だから，「無中」などは誤りとなる。

5 ⑤ 解説 「口答試問」は誤りで，「口頭試問」が正しい。

1 頻出問題 次の四字熟語のうち，誤っているものはどれか。
①大義名分
②粉骨砕身
③異句同音
④有名無実
⑤誠心誠意 （　　）

これも
覚えておこう‼

（○）正真正銘　（×）正真証明
（○）一騎当千　（×）一期当選
（○）付和雷同　（×）不和雷動

2 次の四字熟語の空欄に入る漢字はどれか。
臨□応変
①期　　②機　　③気
④起　　⑤危 （　　）

3 頻出問題 次の四字熟語のうち，漢字に誤りがあるのはどれか。
①意気揚揚（いきようよう）
②喜怒哀楽（きどあいらく）
③責任転嫁（せきにんてんか）
④旧態依然（きゅうたいいぜん）
⑤栄古盛衰（えいこせいすい） （　　）

4 四字熟語の読み方として，誤っているものはどれか。
①自暴自棄（じぼうじき）
②老若男女（ろうじゃくなんにょ）
③夫唱婦随（ふしょうふずい）
④右往左往（うおうさおう）
⑤門外不出（もんがいふしゅつ） （　　）

5 頻出問題 次の四字熟語のうち，誤っているものはどれか。
①天変地異　　②五里霧中
③電光石下　　④自画自賛
⑤青天白日 （　　）

これも覚えておこう!!

四字熟語の組み立て方（Ⅱ）

タイプ4 前の2字と後の2字が主語と述語の関係になっているもの
〈例〉油断大敵，大器晩成，主客転倒

タイプ5 前の2字と後の2字が連続関係にあり，慣用語ふうになっているもの
〈例〉優柔不断，因果応報，我田引水

ANSWER-2 ■四字熟語

1 **③** **解説** ①「大義名分」の場合，「大義名文」（誤り），「大義明文」（誤り）などとして出題されることがある。②「粉骨砕身」の場合，「粉骨砕心」（誤り），「粉骨細心」（誤り）などとして出題されることがある。③異句同音（誤り）→異口同音（正しい）④「有名無実」の場合，「有」を「勇」（誤り）と勘違いしないこと。⑤「誠心誠意」の場合，「誠心」を「精神」（誤り）と勘違いしないこと。

2 **②** **解説** 「臨機」の「機」は「機会」の「機」である。「機会」とは，「機会があったら会おう」などとして使われる「チャンス」のことである。したがって，「臨機応変」とは「その時と場所に臨んで，適当な手段を施すこと」である。

3 **⑤** **解説** 「栄古盛衰」の「古」が誤りで，枯が正しい。①「意気揚揚」の「揚」を「陽」（誤り）と勘違いしないこと。②「喜怒哀楽」の「哀」を「愛」（誤り）と勘違いしないこと。③「責任転嫁」の「嫁」を「化」（誤り）と勘違いしないこと。④「旧態依然」の場合，「旧体依然」（誤り）「旧体以前」（誤り）などとして出題されることがある。

4 **②** **解説** 「老若男女」の正しい読み方は「ろうにゃくなんにょ」である。

5 **③** **解説** ①「天変地異」の場合，「天」を「転」（誤り）と勘違いしないこと。②「五里霧中」の場合，「霧」を「夢」（誤り）と勘違いしないこと。③「電光石下」は誤りで，「電光石火」が正しい。④「自画自賛」の場合，「画」を「我」（誤り）と勘違いしないこと。⑤「青天白日」の場合，「青」を「晴」（誤り）と勘違いしないこと。

1 頻出問題 次の四字熟語のうち，誤っているものはどれか。
①悠悠自適
②傍若無人
③独断先行
④針小棒大
⑤人面獣心　　　　　　　　　　（　　　）

これも覚えておこう‼

（○）一朝一夕	（×）一鳥一石
（○）有為転変	（×）有意天変
（○）綱紀粛正	（×）綱規粛清

2 次の四字熟語の読みを（　　　　）に記入しなさい。
①千客万来　　　　　　　　　　　（　　　　　　　　　　）
②薄利多売　　　　　　　　　　　（　　　　　　　　　　）
③耐震家屋　　　　　　　　　　　（　　　　　　　　　　）
④東奔西走　　　　　　　　　　　（　　　　　　　　　　）
⑤無病息災　　　　　　　　　　　（　　　　　　　　　　）

3 次の四字熟語の空欄に入る漢字はどれか。
　　意味□長
①慎　　②深　　③真
④針　　⑤信　　　　　　　　　　　　　　　　　（　　　）

4 頻出問題 次の四字熟語のうち誤っているものはどれか。
①神出鬼没　　　②前代未聞
③三位一体　　　④強行採決
⑤人跡未到　　　　　　　　　　　　　　　　　（　　　）

5 ア〜エの四字熟語の空欄には漢数字がそれぞれ入る。これらの漢字を合計するといくらになるか。

| ア　一石□鳥 | イ　□載一遇 |
| ウ　一期□会 | エ　笑止□万 |

① 1004　　② 1103　　③ 2002
④ 2003　　⑤ 2102　　　　　　　　　　　　（　　　）

6 四字熟語と意味の組み合わせとして，誤っているものはどれか。
①一網打尽 ── 一度に一味の者を全員捕らえること。
②捲土重来 ── ものの道理をきわめつくすこと。
③天変地異 ── 自然界に起こる異変のこと。
④付和雷同 ── 他人の意見に軽々しく同調すること。
⑤傍若無人 ── 勝手気ままにふるまうこと。 （　　）

ANSWER-3 ■四字熟語

1 ③ **解説** ①「悠悠自適」の「適」を「摘」（誤り），「敵」（誤り）などとまちがって覚えないこと。②「傍若無人」の場合，「暴若無人」「暴若無尽」などと誤って覚えないこと。③「独断先行」は誤りで，「独断専行」が正しい。④「針小棒大」の「棒」を「膨」（誤り）と勘違いしないこと。⑤「人面獣心」の「心」を「身」（誤り）とまちがって覚えないこと。

2 ①せんきゃくばんらい ②はくりたばい ③たいしんかおく ④とうほんせいそう ⑤むびょうそくさい

3 ② **解説** 「深長」の意味は，「奥深く含蓄のあるさまのこと」で，「意味深長」とは「人の言動などの裏に，奥深い意味を含んでいること」。

4 ⑤ **解説** ①「神出鬼没」の「神」を「進」（誤り）として覚えないこと。②「前代未聞」の場合，「前代見聞」（誤り），「前代未問」（誤り）などと覚えないこと。③「三位一体」の場合，「三昧一体」（誤り），「三身一体」（誤り）などと覚えないこと。④「強行採決」の「行」を「硬」（誤り）と誤って覚えないこと。⑤「人跡未到」は誤りで，「人跡未踏」が正しい。

5 ④ **解説** ア：一石二鳥 イ：千載一遇 ウ：一期一会 エ：笑止千万 これらの数字を合計すると，2 + 1000 + 1 + 1000 = 2003

6 ② **解説** 「捲土重来」とは，「敗れた者が再び勢いを盛り返し，攻めて来ること」。

1 次の四字熟語の読み方をひらがなで書きなさい。

①千差万別　　　　　　　　　（　　　　　　　　）
②前途多難　　　　　　　　　（　　　　　　　　）
③起死回生　　　　　　　　　（　　　　　　　　）
④暗中模索　　　　　　　　　（　　　　　　　　）
⑤竜頭蛇尾　　　　　　　　　（　　　　　　　　）

2 四字熟語と意味の組み合わせとして，誤っているものはどれか。

①馬耳東風 ―― 他人の意見や批評を聞き流すこと。
②自暴自棄 ―― やけくそになること。
③唯我独尊 ―― たった一人で懸命に努力すること。
④天衣無縫 ―― 飾り気がなく，無邪気なこと。
⑤支離滅裂 ―― 筋が通らず，めちゃくちゃなこと。　　　（　　）

3 頻出問題 次の四字熟語のうち，誤っているものはどれか。

①意気投合　　　②四面楚歌　　　③適材適所
④試行錯誤　　　⑤薄思弱行　　　　　　　　　　　（　　）

4 次の下線部を漢字で書きなさい。

①呉越ドウシュウ　（　　　）　②空前ゼツゴ　　（　　　　）
③弱肉キョウショク（　　　）　④前後フカク　　（　　　　）
⑤インガ応報　　　（　　　）　⑥ビジ麗句　　　（　　　　）
⑦同床イム　　　　（　　　）　⑧ヘイシン低頭　（　　　　）
⑨ジゴウ自得　　　（　　　）　⑩盛者ヒッスイ　（　　　　）

5 次の四字熟語の空欄に漢数字を入れなさい。

①□喜□憂　　　　　②□日□秋
③□苦□苦　　　　　④再□再□
⑤海□山□　　　　　⑥朝□暮□
⑦□転□倒　　　　　⑧□客□来
⑨□人□色　　　　　⑩□寒□温

6 次の四字熟語の読み方をひらがなで書きなさい。
①疑心暗鬼 （　　　　　）
②群雄割拠 （　　　　　）
③一念発起 （　　　　　）
④画竜点睛 （　　　　　）
⑤危急存亡 （　　　　　）

7 次の下線部を漢字で書きなさい。
①平和<u>キョウゾン</u> （　　　）　②<u>サンチ</u>直送 （　　　）
③<u>エイセイ</u>放送 （　　　）　④<u>テキシャ</u>生存 （　　　）
⑤無色<u>トウメイ</u> （　　　）　⑥梅雨<u>ゼンセン</u> （　　　）
⑦<u>レンサ</u>反応 （　　　）　⑧年功<u>ジョレツ</u> （　　　）
⑨<u>シュシャ</u>選択 （　　　）　⑩<u>チンチャク</u>冷静 （　　　）

ANSWER-4　■四字熟語

1 ①せんさばんべつ　②ぜんとたなん　③きしかいせい　④あんちゅうもさく　⑤りゅうとうだび

2 ③　**解説**　「唯我独尊」とは,「自分だけが偉いとうぬぼれること」。

3 ⑤　**解説**　①「意気投合」の場合,「意気統合」（誤り）として覚えないこと。②「四面楚歌」の「楚」を「疎」（誤り）と勘違いしないこと。③「適材適所」の「材」を「才」（誤り）と勘違いしないこと。④「試行錯誤」を「思考錯誤」（誤り）として覚えないこと。⑤「薄思弱行」は誤りで,「薄志弱行」が正しい。

4 ①同舟　②絶後　③強食　④不覚　⑤因果　⑥美辞　⑦異夢　⑧平身　⑨自業　⑩必衰

5 ①一,一　②一,千(三)　③四,八　④三,四　⑤千,千　⑥三,四　⑦七,八　⑧千,万　⑨十,十　⑩三,四

6 ①ぎしんあんき　②ぐんゆうかっきょ　③いちねんほっき　④がりょうてんせい　⑤ききゅうそんぼう

7 ①共存　②産地　③衛星　④適者　⑤透明　⑥前線　⑦連鎖　⑧序列　⑨取捨　⑩沈着

6. 慣用句・ことわざ

■試験によく出る慣用句・ことわざ（1）

①（　　　　）にも筆の誤り

②やぶから（　　　　）

③（　　　　）の不養生

④（　　　　）に入っては（　　　　）に従え

⑤猿も（　　　　）から落ちる

⑥亀の甲より（　　　　）の劫

⑦歯に（　　　　）着せぬ

⑧蛇の道は（　　　　）

⑨（　　　　）鳥が鳴く

⑩捕らぬ（　　　　）の皮算用

⑪笑う（　　　　）には福来たる。

⑫木に縁りて（　　　　）を求む。

⑬（　　　　）の横好き

⑭水清ければ（　　　　）棲まず

⑮角を矯めて（　　　　）を殺す

⑯（　　　　）を引かれる思い

⑰三人寄れば（　　　　）の知恵

⑱人間万事塞翁が（　　　　）

⑲（　　　　）を助け，（　　　　）を挫く

⑳豆腐に（　　　　）

㉑対岸の（　　　　）

㉒待てば（　　　　）の日和あり

㉓（　　　　）を逐う者は山を見ず

㉔（　　　　）口となるも（　　　　）後となるなかれ

㉕好きこそものの（　　　　）なれ

㉖（　　　　）は人の為ならず

①弘法（こうぼう）

②棒

③医者

④郷，郷

⑤木

⑥年

⑦衣（きぬ）

⑧蛇（へび）

⑨閑古（かんこ）

⑩狸（たぬき）

⑪門（かど）

⑫魚

⑬下手（へた）

⑭魚

⑮牛

⑯後ろ髪

⑰文殊（もんじゅ）

⑱馬

⑲弱き，強き

⑳かすがい

㉑火事

㉒海路

㉓鹿

㉔鶏，牛

㉕上手（じょうず）

㉖情け

㉗花より（　　　）
㉘虻（あぶ）（　　　）取らず

■試験によく出る慣用句・ことわざ（2）

① （　　　）の川流れ
②転ばぬ先の（　　　）
③（　　　）に腕押し
④石の上にも（　　　）年
⑤立つ鳥（　　　）を濁さず
⑥知らぬが（　　　）
⑦（　　　）点睛を欠く
⑧袖摺り合うも（　　　）の縁
⑨（　　　）にいとまがない
⑩春秋に（　　　）む
⑪青は（　　　）より出でで（　　　）より青し
⑫（　　　）は口に苦し
⑬好事（　　　）を出でず，悪事（　　　）を行く
⑭（　　　）に火をともす
⑮（　　　）に入らずんば（　　　）を得ず
⑯（　　　）の敵（かたき）を（　　　）で討つ
⑰鳶（とび）が（　　　）を生む
⑱栴檀（せんだん）は（　　　）より芳し（かんば）
⑲ひょうたんから（　　　）
⑳破れ（わ）（　　　）にとじ蓋（ぶた）
㉑（　　　）危うきに近寄らず
㉒井の中の（　　　）大海を知らず
㉓（　　　）に提灯（ちょうちん）
㉔大山鳴動して（　　　）一匹
㉕背に（　　　）はかえられぬ
㉖（　　　）の霹靂（へきれき）
㉗（　　　）に短し（　　　）に長し
㉘（　　　）に説法

㉗団子
㉘蜂（はち）

①河童（かっぱ）
②杖（つえ）
③のれん
④三
⑤跡
⑥仏
⑦画竜（がりょう）
⑧多生（他生）（たしょう）
⑨枚挙
⑩富
⑪藍，藍（あい）
⑫良薬
⑬門，千里
⑭爪（つめ）
⑮虎穴，虎子（こけつ）（こじ）
⑯江戸，長崎
⑰鷹（たか）
⑱双葉（二葉）
⑲駒（こま）
⑳鍋（なべ）
㉑君子
㉒蛙（かわず）
㉓月夜
㉔鼠（ねずみ）
㉕腹
㉖青天
㉗帯，たすき
㉘釈迦（しゃか）

■重要な慣用句（1）

①	あごで使う	いばった態度で人を使う。
②	頭が下がる	感心して，自然に敬う。
③	足が付く	逃げた者の足取りがわかる。
④	足が出る	予算を超過する。
⑤	足をすくう	相手のすきをついて負かしたりする。
⑥	腕が立つ	技術や能力がすぐれている。
⑦	腕に覚えがある	力や技に自信がある。
⑧	腕を振るう	腕前を十分に発揮する。
⑨	顔が立つ	面目が失われないですむ。
⑩	顔がつぶれる	面目が失われる。
⑪	顔から火が出る	恥ずかしくて赤面する。
⑫	顔に泥を塗る	恥をかかせる。
⑬	肩で風を切る	堂々といばって歩く。
⑭	肩の荷がおりる	責任や負担がなくなり気が楽になる。
⑮	肩を並べる	対等の立場になる。
⑯	肝に銘じる	心に深く刻み込むこと。
⑰	肝をつぶす	ひどくびっくりすること。
⑱	口がすべる	言ってはいけないことを口走る。
⑲	口車に乗せる	巧みな話で人をだます。
⑳	口を切る	最初に発言する。
㉑	口をぬぐう	知らないふりをする。
㉒	腰がくだける	気力を失って途中でだめになる。
㉓	腰をすえる	落ち着いて物事をおこなう。
㉔	舌を巻く	非常に驚いたり感心したりする。
㉕	手が込む	手間をかけて複雑にできていること。
㉖	手が届く	世話がいきとどく。
㉗	鼻であしらう	相手をばかにして冷たくふるまう。
㉘	鼻を明かす	出し抜いてあっと言わせる。
㉙	耳にさわる	うるさく不愉快に思うこと。
㉚	目から鼻へ抜ける	賢く物事の理解が早い。

■重要な慣用句 (2)

①	お茶をにごす	いいかげんにその場をごまかす。
②	青菜に塩	元気がなくしおれているようす。
③	因果を含める	よくよく言いきかせる。
④	往生際が悪い	あきらめが悪い。
⑤	折紙をつける	確かだと保証する。
⑥	風上にも置けない	卑劣な人をののしって言う言葉。
⑦	角がとれる	円満・温厚になる。
⑧	気が置けない	遠慮や気がねをしなくてよい。
⑨	木で鼻をくくる	きわめて愛想のないさま。
⑩	きびすを返す	引き返す。後戻りする。
⑪	胸襟を開く	うち解けて自分の気持ちを表す。
⑫	奇をてらう	変わったことをして目立つ。
⑬	琴線にふれる	心から感動すること。
⑭	下駄をあずける	あることの処理を一切任せる。
⑮	駄目を押す	念のために確かめる。
⑯	羽目を外す	調子にのって度を過ごす。
⑰	真綿で首を締める	時間をかけて少しずつ苦しめる。
⑱	身も蓋もない	あまりにも露骨でおもむきがない。
⑲	味噌をつける	失敗して面目を失う。
⑳	横車を押す	自分の考えを強引に押し通す。
㉑	寝耳に水	いきなり変事が起きてびっくりする。
㉒	つむじを曲げる	気に入らないとひねくれる。
㉓	帳尻を合わせる	最終的につじつまが合うようにする。
㉔	さじを投げる	尽くすべき方法がなく，あきらめる。
㉕	唾をつける	自分のものであることを示す。
㉖	太鼓判を押す	絶対に間違いないことを保証する。
㉗	かまをかける	うまく誘いをかけて本当のことを言わせる。
㉘	手綱をしめる	行き過ぎのないよう行動を制御する。
㉙	耳目を集める	世間の注目・関心を引く。
㉚	立つ瀬がない	自分の立場がなくなる。

1　頻出問題　「しっかりと覚えこんでおく」という意味の慣用句は次のうちどれか。

①胸を打つ
②胸に刻む
③胸を借りる
④胸を弾ませる
⑤胸に納める　　　　　　　　　　　　　　　　　　　　　　　　　　（　　）

2　次のことわざについて，□にあてはまる漢字一字を書きなさい。なお，（　　）内は慣用句の意味である。

　　笑う□には福来たる
（笑い声が絶えない家には，自然と幸福がやって来る）　　　　　　（　　）

3　頻出問題　「亀の甲より年の劫」の意味として，最も適当なものはどれか。

①人のことより自分のことをしなさいということ。
②知らないことは聞きなさいということ。
③頼るなら力のある人に頼りなさいということ。
④時はすぐに過ぎ去るということ。
⑤経験を積んだ人の知恵は尊いということ。　　　　　　　　　　　（　　）

4　「旅の恥はかきすて」のことわざと反対の意味をもつものはどれか。
①閑古鳥が鳴く
②袖摺り合うも多生の縁
③転ばぬ先の杖
④立つ鳥跡を濁さず
⑤江戸の敵を長崎で討つ　　　　　　　　　　　　　　　　　　　（　　）

5 □に体の一部分を示す漢字を記入しなさい。

① □に銘じる　　　② □が抜ける

③ □をぬぐう　　　④ □を突っ込む

⑤ □が遠のく　　　⑥ □に覚えがある

⑦ □が肥える　　　⑧ □を巻く

⑨ □を並べる　　　⑩ □がかかる

ANSWER-1　■慣用句・ことわざ

1　**②**　解説　①「胸を打つ」とは，見聞きする人を感動させること。③「胸を借りる」とは，実力のまさった相手に積極的にぶつかっていき，自分の力をためしたり，伸ばしたりすること。④「胸を弾ませる」とは，うれしさや期待で心がわくわくすること。⑤「胸に納める」とは，見聞きしたことをだれにも言わずにおくこと。

2　門　解説　日常生活の中でよく使われる慣用句・ことわざが主に出題されるので，会話の中などで自分の知らない慣用句・ことわざが出てきたら，必ず意味などをチェックしておこう。

3　**⑤**　解説　「亀の甲」には意味はなく，「年の劫」とのごろ合わせのしゃれである。「劫」はきわめて長い時間のことで，「功」とも書く。

4　**④**　解説　「旅の恥はかきすて」とは，旅に出ると，まわりに知っている人がいないので，いつもなら決してしないような恥ずかしいことを平気でやってしまうということ。

閑古鳥が鳴く……商売などがはやらず，さびれているようすのこと。

袖摺り合うも多生の縁……どんなささいな出会いも大切にしなさいということ。

転ばぬ先の杖……何事も失敗しないように，前もってよく準備しておくべきであるということ。

立つ鳥跡を濁さず……立ち去ったあとが見苦しくないように後始末をきちんとしておくべきだということ。

江戸の敵を長崎で討つ……思いがけない所で仕返しをすることのたとえ。

5　①肝　②腰　③口　④首　⑤足　⑥腕　⑦目(口)　⑧舌　⑨肩　⑩手

1 頻出問題 「ゆくえをくらましていた犯人の足どりがわかる」という意味の慣用句は次のうちどれか。

①足が出る

②足を洗う

③足を伸ばす

④足が付く

⑤足を引っ張る   （   ）

2 頻出問題 慣用句と，その意味の組み合わせとして，次のうち誤っているものはどれか。

①根も葉もない ── なんの根拠もないこと

②血道を上げる ── 人のために自分を犠牲にすること

③私腹を肥やす ── 公的な地位などを利用して，不当に利益を得ること

④ぬるま湯につかる ── 環境に甘んじてのんきにしていること

⑤度肝を抜く ── 人をひどく驚かせること   （   ）

3 □に該当する漢字一字を書きなさい。なお，（   ）内は慣用句の意味である。

① □を売る（仕事を途中でさぼって，長く話し込んだりすること）

② □にさわる（不愉快に感じること）

③ □を出す（一生懸命に励むこと）

④ □の皮が厚い（あつかましく，ずうずうしいこと）

⑤ □を射る（物事の要点を正確にとらえること）

4 「上手の手から水がもる」のことわざと似た意味をもつものはどれか。

①弘法にも筆の誤り

②水清ければ魚棲まず

③待てば海路の日和あり

④蛇の道は蛇

⑤所変われば品変わる   （   ）

5 □にあてはまる動物名（漢字一字）書きなさい。

① □に真珠　　　　　　　② 生き□の目を抜く

③ はきだめに□　　　　　④ □も木から落ちる

⑤ 捕らぬ□の皮算用　　　⑥ □を逐う者は山を見ず

⑦ えびで□を釣る　　　　⑧ 虎の威をかる□

⑨ 前門の虎，後門の□　　⑩ 能ある□は爪を隠す

ANSWER-2 ■慣用句・ことわざ

1 ❹ **解説** ①「足が出る」とは，予算の額を超えて，費用が多くかかること。②「足を洗う」とは，よくないことから抜け出すこと。③「足を伸ばす」とは，旅行などで予定していた場所以外の所へも行くこと。⑤「足を引っ張る」とは，他人の成功のじゃまをすること。

2 ❷ **解説**「血道を上げる」とは，道楽などに夢中になり，分別のない行動をすること。

3 ①油　②気　③精（せい）　④面（つら）　⑤的（まと）

4 ❶ **解説**「上手の手から水がもる」とは，名手といわれるような人でも，時には失敗することがあるということ。

弘法にも筆の誤り……弘法大師ほどの書道の名人でも，たまには書き誤ることがあるということ。

水清ければ魚棲まず……あまりに清廉潔白すぎると，人が寄りつかないで孤立するということ。

待てば海路の日和あり……辛抱強くあせらずに待つことが大切であるということ。

蛇の道は蛇……同じ仲間のことはその道の者にはすぐにわかるということ。

所変われば品変わる……場所が変わると，同じ物でも呼び名が変わり，風俗・習慣なども違うということ。

5 ①豚　②馬　③鶴　④猿　⑤狸　⑥鹿　⑦鯛　⑧狐　⑨狼　⑩鷹

1 　頻出問題　「豆腐にかすがい」の意味として，最も適当なものはどれか。
①うまい話には注意しなさいということ。
②人を外見で判断してはいけないということ。
③代わりのもので我慢しなさいということ。
④手ごたえや効き目がないこと。
⑤すんだことは仕方がないということ。　　　　　　　　　　　　　　（　　）

2 　「三人寄れば文殊の知恵」のことわざと反対の意味をもつものはどれか。
①君子危うきに近寄らず
②鳶が鷹を生む
③危ない橋を渡る
④衣食足りて礼節を知る
⑤船頭多くして船山に上る　　　　　　　　　　　　　　　　　　　　（　　）

3 　頻出問題　慣用句と，その意味の組み合わせとして，次のうち誤っているものはどれか。
①泥をかぶる ── 人の恥になるようなことをすること。
②ねじを巻く ── 気持ちを引き締めるよう，強く注意すること。
③丸くおさまる ── 物事が円満に解決すること。
④異を唱える ── 人の意見に反対すること。
⑤背を向ける ── 無関心でとりあわない態度をとること。　　（　　）

4 　頻出問題　「木に縁りて魚を求む」の意味として，最も適当なものはどれか。
① 物事の前後の調和がとれないこと。
②無愛想で，そっけないこと。
③手段がまちがっていたら求めようとしても得られないこと。
④意外なことが起こり，前後の事情がわからなくなること。
⑤悪いことのうえに，さらに悪いことが起こること。　　　　　　　（　　）

5 次のことわざとその意味の組み合わせのうち，正しいものには○，誤っているものには×をつけなさい。

①郷に入っては郷に従え ── 住む所の習慣に従うのが処世法であるということ。　　　　　　　　　（　　）

②やぶから棒 ── なんの前ぶれもなく，だしぬけであるようすのこと。　　　　　　　　　（　　）

③虻蜂取らず ── 一方によければ，他方に悪いこと。　（　　）

④河童の川流れ ── 名人でも思わぬ失敗をするということ。　（　　）

⑤情けは人の為ならず ── 他人に情けをかけることは情けをかけられた人の為にならないこと。　（　　）

ANSWER-3 ■慣用句・ことわざ

1 **④** **解説** 「豆腐にかすがい」とは，やわらかい豆腐にかすがいを打ちこむように，手ごたえや効き目がないことをいう。なお，「かすがい」とは，材木をつなぎとめるために作られたコの字形の大釘のこと。

2 **⑤** **解説** 「三人寄れば文殊の知恵」とは，三人も集まって相談すれば，必ず名案がうかんでくるものだということ。①「君子危うきに近寄らず」の反対のことわざは，虎穴に入らずば虎子を得ず。②「鳶が鷹を生む」の反対は，蛙の子は蛙。③「危ない橋を渡る」の反対は，石橋をたたいて渡る。④「衣食足りて礼節を知る」の反対は，渇しても盗泉の水は飲まず。⑤「船頭多くして船山に上る」とは，指図する人が多すぎると，まとまるものもまとまらないこと。

3 **①** **解説** 「泥をかぶる」とは，他人が負うべき責任までも，その人が一身に負うこと。なお，「泥」に関する慣用句には，次のようなものがある。
泥を塗る── 人の面目を失わせるようなことをすること。
泥を吐く── 隠していた悪事を白状すること。

4 **③** **解説** 「木に登って魚をとろうとしてもとれるはずがないように……」。

5 ①○　②○　③×　④○　⑤×　**解説** ③「虻蜂取らず」とは，2つのものを同時に得ようとして，結局は両方とも取り逃がしてしまうこと。⑤「情けは人の為ならず」とは，人に情けをかけておけば，それがめぐりめぐって自分に返ってくるということ。

1　**頻出問題** ことわざと，その意味の組み合わせとして，誤っているものは次のうちどれか。

①下手の横好き —— 下手なのに，そのことが好きで熱心なこと。

②好事門を出でず —— よい評判はなかなか世間に広まらないこと。

③花より団子 —— 風流なことより，実質的な利益につながるもののほうがよいこと。

④対岸の火事 —— 自分には関係ないと思っていたことが，自分にも被害がおよぶこと。

⑤破れ鍋にとじ蓋 —— どんな人にもその人によく合う配偶者があること。　　　　　　　　　　　　　　（　　）

2　□に体の一部分を示す漢字を書きなさい。

① □は禍の門　　　　② □にたこができる

③ □をこまねく　　　④ □くじらを立てる

⑤ □であしらう　　　⑥ □に据えかねる

⑦ □がつぶれる　　　⑧ □を乗り出す

⑨ □が騒ぐ　　　　　⑩ □鉄砲を食わす

3　**頻出問題** 「春秋に富む」の意味として，最も適当なものはどれか。

①年が若く，将来性が豊かなこと。

②よいことが一緒に来ること。

③機先を制すること。

④高望みをすること。

⑤絶好のチャンスが到来したこと。　　　　　　　　（　　）

4　「月とすっぽん」のことわざと似た意味をもつものはどれか。

①知らぬが仏　　　　②石の上にも三年

③提灯に釣鐘　　　　④のれんに腕押し

⑤良薬は口に苦し　　　　　　　　　　　　　　　　（　　）

5　□にあてはまる動物名（漢字一字）を書きなさい。

① □に小判　　　　　　② □に論語

③ 泣きっ面に□　　　　④ □を逐う者は山を見ず

⑤ □に豆鉄砲　　　　　⑥ 角を矯めて□を殺す

⑦ 大山鳴動して□一匹　⑧ □口となるも□後となるなかれ

⑨ 塞翁が□　　　　　　⑩ □百まで踊り忘れず

⑪ 中原に□を逐う　　　⑫ 能ある□は爪をかくす

⑬ □合の衆　　　　　　⑭ □は甲羅に似せて穴を掘る

ANSWER-4　■慣用句・ことわざ

1　④　**解説**「対岸の火事」とは，自分にはまったく影響がなく，痛くもかゆくもない出来事のこと。

2　①口　②耳　③手　④目　⑤鼻　⑥腹　⑦顔　⑧膝(ひざ)　⑨胸　⑩肘(ひじ)

3　①　**解説**「春秋」とは，長い年月の意味である。

4　③　**解説**「月とすっぽん」とは，両者がひどくちがっていることをいう。

知らぬが仏 —— 知れば腹も立つが，知らなければ心が仏のように穏やかであること。

石の上にも三年 —— どんなにつらいことでもがまん強くやれば，いつかは成しとげられるということ。

提灯に釣鐘(つりがね) —— 提灯と釣鐘は形は似ていても，大きさなどがまったく異なることから，両者に大きなちがいがあること。

のれんに腕押し —— 手ごたえがないことのたとえ。

良薬は口に苦し —— よく効く薬ほど苦くて飲みにくいもの。

5　①猫　②犬　③蜂　④鹿　⑤鳩　⑥牛　⑦鼠　⑧鶏，牛　⑨馬　⑩雀　⑪鹿　⑫鷹　⑬烏(う)　⑭蟹

解説　⑥「角を矯めて牛を殺す」とは，わずかな欠点を直そうとして，全体をだめにしてしまうこと。⑦「大山鳴動して鼠一匹」とは，前ぶれのさわぎが大きくて，実際の結果が小さいこと。⑨「塞翁が馬」とは，人生，思いがけないことが幸福をもたらしたり，あるいは不幸につながったりして，だれも予測がつかないこと。「人間万事塞翁が馬」ともいう。

ここがポイント❶　　　　　　　　　　　　　　　　ⅢKEY

（　　）に該当する作品，作者を語群から選びなさい。

■古典文学

作　品	作　者
〔和歌集〕	
山家集	（　①　）
金槐和歌集	源　　実朝
〔日記〕	
土佐日記	（　②　）
蜻蛉日記	藤原道綱母
〔随筆〕	
（　③　）	清少納言
（　④　）	鴨　　長明
（　⑤　）	吉田兼好
〔中古物語〕	
源氏物語	（　⑥　）
〔近世小説〕	
日本永代蔵	井原西鶴
（　⑦　）	上田秋成
南総里見八犬伝	（　⑧　）
東海道中膝栗毛	（　⑨　）
浮世風呂	（　⑩　）
〔戯曲〕	
国性爺合戦	（　⑪　）
〔紀行文・俳文〕	
奥の細道	（　⑫　）
（　⑬　）	小林一茶

〔語　群〕

徒然草
雨月物語
おらが春
方丈記
枕草子
式亭三馬
松尾芭蕉
十返舎一九
西行
紫式部
近松門左衛門
曲亭馬琴
紀貫之

①西行
②紀貫之
③枕草子
④方丈記
⑤徒然草
⑥紫式部
⑦雨月物語
⑧曲亭馬琴
⑨十返舎一九
⑩式亭三馬
⑪近松門左衛門
⑫松尾芭蕉
⑬おらが春

■近代文学

作　品	作　者	〔語群〕	
たけくらべ	（　①　）	細雪	①樋口一葉
（　②　）	与謝野晶子	暗夜行路	②みだれ髪
破戒	（　③　）	お目出たき人	③島崎藤村
（　④　）	石川啄木	邪宗門	④一握の砂
（　⑤　）	谷崎潤一郎	山椒魚	⑤細雪
（　⑥　）	北原白秋	一握の砂	⑥邪宗門
草枕	（　⑦　）	みだれ髪	⑦夏目漱石
阿部一族	（　⑧　）	島崎藤村	⑧森　鷗外
（　⑨　）	武者小路実篤	川端康成	⑨お目出たき人
（　⑩　）	志賀直哉	樋口一葉	⑩暗夜行路
羅生門	（　⑪　）	森　鷗外	⑪芥川龍之介
父帰る	（　⑫　）	菊池　寛	⑫菊池　寛
伊豆の踊子	（　⑬　）	夏目漱石	⑬川端康成
（　⑭　）	井伏鱒二	芥川龍之介	⑭山椒魚

■現代文学

作　品	作　者	〔語群〕	
斜陽	（　①　）	宮本武蔵	①太宰　治
（　②　）	野間　宏	人間の条件	②真空地帯
仮面の告白	（　③　）	坂の上の雲	③三島由紀夫
天平の甍	（　④　）	太陽の季節	④井上　靖
砂の女	（　⑤　）	真空地帯	⑤安部公房
（　⑥　）	五味川純平	井上　靖	⑥人間の条件
（　⑦　）	石原慎太郎	太宰　治	⑦太陽の季節
（　⑧　）	司馬遼太郎	開高　健	⑧坂の上の雲
裸の王様	（　⑨　）	安部公房	⑨開高　健
（　⑩　）	吉川英治	三島由紀夫	⑩宮本武蔵

1 頻出問題 作者と作品の組み合わせとして，誤っているものはどれか。
①島崎藤村 —— 破　戒
②石川啄木 —— 一握の砂
③夏目漱石 —— 吾輩は猫である
④志賀直哉 —— お目出たき人
⑤山本有三 —— 路傍の石　　　　　　　　　　　　　　（　　）

2 次のうち，『恩讐の彼方に』の作者はだれか。
①井伏鱒二　　　②菊池　寛
③森　鷗外　　　④徳田秋声
⑤尾崎紅葉　　　　　　　　　　　　　　　　　　　　（　　）

3 頻出問題 作者と作品の組み合わせとして，誤っているものはどれか。
①紫式部 ——— 源氏物語
②吉田兼好 ——— 徒然草
③式亭三馬 ——— 東海道中膝栗毛
④清少納言 ——— 枕草子
⑤井原西鶴 ——— 好色一代男　　　（　　）

> 💡 **丸覚え**
>
> 『源氏物語』は，光源氏という平安時代の貴族の華やかな一生を全54巻にまとめたものである。『枕草子』も平安時代の作品で，これは約300の随筆を集めたものである。

4 次のうち，芥川龍之介の作品はどれか。
①雪　国
②風立ちぬ
③細　雪
④女の一生
⑤河　童　　　　　　　　　　　　　　　　　　　　　（　　）

5 頻出問題 次のうち，『明暗』の作者はだれか。
①夏目漱石　　　②芥川龍之介
③島崎藤村　　　④永井荷風
⑤武者小路実篤　　　　　　　　　　　　　　　　　（　　）

6 頻出問題 作者と作品の組み合わせとして，誤っているものはどれか。

①川端康成 ——— 伊豆の踊子

②森　鷗外 ——— 蒲　団

③夏目漱石 ——— 三四郎

④谷崎潤一郎 —— 春琴抄

⑤樋口一葉 ——— たけくらべ　　　（　　）

丸覚え

川端康成は"日本の美"を表現した作品を発表し，1968年に日本人初のノーベル文学賞を受賞した。

ANSWER-1 ■文学作品

1 ④ 解説 『お目出たき人』は武者小路実篤の作品である。志賀直哉の代表作は『暗夜行路』『城の崎にて』『小僧の神様』『和解』である。なお，志賀直哉は有島武郎，武者小路実篤らと雑誌『白樺』を創刊したことから，これらの人々は白樺派と呼ばれる。

2 ② 解説 菊池寛は大正・昭和時代の小説家・劇作家で，代表作に『父帰る』『恩讐の彼方に』がある。雑誌『文芸春秋』を創刊し，芥川賞を設けるなどの活躍をした。

3 ③ 解説 『東海道中膝栗毛』といえば，十返舎一九である。式亭三馬は『浮世風呂』『浮世床』で有名である。これらに加え，紫式部の『源氏物語』，吉田兼好の『徒然草』，清少納言の『枕草子』，井原西鶴の『好色一代男』『好色一代女』は昔から繰り返し出題されている"試験の常連"であるので，必ず覚えておこう。

4 ⑤ 解説 芥川龍之介は夏目漱石，森鷗外，太宰治などとともに，よく出題される作家の一人である。代表作は『鼻』『河童』『羅生門』『杜子春』『蜘蛛の糸』などである。なお，『雪国』川端康成，『風立ちぬ』堀辰雄，『細雪』谷崎潤一郎『女の一生』山本有三である。

5 ① 解説 夏目漱石は『吾輩は猫である』を発表して有名になり，次いで『坊ちゃん』『草枕』などを発表してゆるぎない地位を確立した。

6 ② 解説 『蒲団』は自然主義の代表的作家である田山花袋の代表作である。このほかに，『田舎教師』も覚えておこう。森鷗外は『阿部一族』のほかに，『舞姫』『高瀬舟』などの作品がある。

TEST-2　■文学作品

1 　頻出問題 作者と作品の組み合わせとして，誤っているものはどれか。
①太宰　治　─── 斜　陽
②司馬遼太郎 ── 坂の上の雲
③井上　靖　─── 堕落論
④吉川英治　─── 宮本武蔵
⑤五木寛之　─── 青春の門　　　　　　　　　　　　　　　　（　　）

2 　「祇園精舎の鐘の声，諸行無常の響あり」で始まる作品は次のうちどれか。
①平家物語
②徒然草
③奥の細道
④土佐日記
⑤枕草子　　　　　　　　　　　（　　）

丸覚え

源氏物語の書き出しは「いづれの御時にか，女御，更衣あまたさぶらひ給ひける中に，いとやむごとなき際にはあらぬが，すぐれて時めき給ふありけり」。

3 　頻出問題 作者と作品の組み合わせとして，誤っているものはどれか。
①石坂洋次郎 ── 若い人
②五味川純平 ── 人間の条件
③三島由紀夫 ── 砂の女
④壺井　栄　─── 二十四の瞳
⑤石原慎太郎 ── 太陽の季節　　　　　　　　　　　　　　　（　　）

4 　次のうち，宮沢賢治の作品でないものはどれか。
①山羊の歌
②風の又三郎
③雨ニモマケズ
④銀河鉄道の夜
⑤オッペルと象　　　　　　　　（　　）

丸覚え

宮沢賢治は農業改良の指導のかたわら，詩や童話など多くの作品を書いた。作品は，生前は認められなかった。

5 次のうち，『野菊の墓』の作者はだれか。
- ①有島武郎
- ②佐藤春夫
- ③横光利一
- ④国木田独歩
- ⑤伊藤左千夫　　　　　　　（　　）

丸覚え

横光利一は川端康成らと 1924 年『文芸時代』を創刊して，新感覚運動の中心として活躍した。

ANSWER-2　■文学作品

1 ❸　**解説**　『堕落論』は坂口安吾の代表作。井上靖の代表作には，『天平の甍』『氷壁』『敦煌』などがある。太宰治は『斜陽』『人間失格』『走れメロス』などの作品を書いたが，玉川上水に身を投げて死んだ。司馬遼太郎は『坂の上の雲』『国盗り物語』，吉川英治は『宮本武蔵』『新書太閤記』などがある。

2 ❶　**解説**　書き出しの問題は頻出問題とはいえないが，たまに出題される。いずれも有名な書き出しが出題の対象となるので，準備をしておこう。

『徒然草』「つれづれなるままに，日暮らし，硯に向かひて，心にうつりゆくよしなしごとを……」

『奥の細道』「月日は百代の過客にして，行かふ年もまた旅人也」

『土佐日記』「をとこもすなる日記といふものを，女もしてみむとてするなり」

『枕草子』「春はあけぼの。やうやう白くなりゆく，山ぎはすこし明りて，紫だちたる雲のほそくたなびきたる」

3 ❸　**解説**　『砂の女』は安部公房の作品である。三島由紀夫についてもよく出題されるので，『仮面の告白』『潮騒』『金閣寺』の３点はしっかり覚えておこう。

4 ❶　**解説**　『山羊の歌』は中原中也の詩集である。宮沢賢治の作品はたまに出題されるので，代表作は覚えておくとよい。

5 ❺　**解説**　①有島武郎の代表作は『生れ出づる悩み』『カインの末裔』『或る女』。②佐藤春夫の代表作は『田園の憂鬱』。③横光利一の代表作は『機械』『旅愁』。④国木田独歩の代表作は『武蔵野』。⑤伊藤左千夫は歌人・小説家で，小説に『野菊の墓』がある。

1 作者と作品の組み合わせとして，誤っているものはどれか。
①トルストイ ──── 罪と罰
②シェイクスピア ── ハムレット
③セルバンテス ──── ドン・キホーテ
④イプセン ───── 人形の家
⑤チェーホフ ───── 桜の園　　　　　　　　　　　　　(　)

2 頻出問題 作者と作品の組み合わせとして，誤っているものはどれか。
①鴨　長明 ──── 方丈記
②近松門左衛門 ── 国性爺合戦
③菅原孝標女 ── 土佐日記
④曲亭馬琴 ──── 南総里見八犬伝
⑤小林一茶 ──── おらが春　　　　　　　　　　　　　(　)

3 次のうち，『金色夜叉』の作者はだれか。
①坪内逍遙　　　　②二葉亭四迷
③尾崎紅葉　　　　④幸田露伴
⑤泉　鏡花　　　　　　　　　　　　　　　　　　　　　(　)

4 「親譲りの無鉄砲で子供の時から損ばかりしている」で始まる作品は
次のうちどれか。
①雪　国
②羅生門
③夜明け前
④仮面の告白
⑤坊ちゃん　　　　　　　　(　)

💡 丸覚え

『伊豆の踊子』の書き出しは「道がつ
づら折りになって，いよいよ天城峠
に近づいたと思うころ，雨脚が杉の
密林を白く染めながら，すさまじい
早さで麓から私を追って来た」。

5 次のうち，村上春樹の作品はどれか。
①ノルウェイの森　　　②エーゲ海に捧ぐ
③火垂るの墓　　　　　④九月の空
⑤限りなく透明に近いブルー　　　　　　　　　　　　(　)

6 作者と作品の組み合わせとして，誤っているものはどれか。

①野間　宏 ――― 真空地帯

②松本清張 ――― 日本沈没

③開高　健 ――― 裸の王様

④大江健三郎 ―― 万延元年のフットボール

⑤北　杜夫 ――― どくとるマンボウ航海記　　　　　　（　　）

ANSWER-3 ■文学作品

1 **①** **解説** 海外文学はほとんど出題されないが，忘れた頃に出題されるので少しだけ準備しておこう。出題の対象となる作者と作品は有名なものばかりなので，準備にあまり時間はかからない。『罪と罰』はドストエフスキーの作品である。トルストイの代表作は『戦争と平和』『復活』『アンナ・カレーニナ』である。シェイクスピアについては『ハムレット』のほかに『リア王』『ロミオとジュリエット』『真夏の夜の夢』を覚えておこう。

2 **③** **解説** 『土佐日記』の作者は紀貫之，『更級日記』の作者は菅原孝標女，『蜻蛉日記』の作者は藤原道綱母である。これらはまとめて覚えておこう。なお，鴨長明の『方丈記』は，清少納言の『枕草子』，吉田兼好の『徒然草』と同様，随筆である。

3 **③** **解説** 坪内逍遙の代表作は『小説神髄』，二葉亭四迷の代表作は『浮雲』，幸田露伴の代表作は『五重塔』，泉鏡花の代表作は『高野聖』である。

4 **⑤** **解説** ①『雪国』の書き出しは「国境の長いトンネルを抜けると雪国であった」。②『羅生門』の書き出しは「ある日の暮方の事である。一人の下人が，羅生門の下で雨やみを待っていた」。③『夜明け前』の書き出しは「木曾路はすべて山の中である」。④『仮面の告白』の書き出しは「永いあいだ，私は自分が生まれたときの光景を見たことがあると言い張っていた」。

5 **①** **解説** 本問は，今後このような問題が出題されるかもしれないということで，あえて出題した。『エーゲ海に捧ぐ』は池田満寿夫，『火垂るの墓』は野坂昭如，『九月の空』は高橋三千綱，『限りなく透明に近いブルー』は村上龍である。

6 **②** **解説** 『日本沈没』は小松左京の作品である。松本清張の代表作は『点と線』。

8. 部　首

■部首とは

　　漢字を構成している部分を分けたとき，共通して取り出せる字形のことをいう。また，部首は固有の意味を備えている。たとえば，亻（にんべん）は，「その漢字が人の状態・性質などに関すること」を表している。

■部首の位置

　　部首は，部首によって漢字のどこに位置するかが異なる。これは下のように7種類に分けられる。

①へん（偏）　　体　径

　　漢字の形が左右に分けられるとき，その左側の部分をいう。

②つくり（旁）　　列　動

　　漢字の形が左右に分けられるとき，その右側の部分をいう。

③かんむり（冠）　京　花

　　漢字の形が上下に分けられるとき，その上の部分をいう。

④あし（脚）　　光　照

　　漢字の形が上下に分けられるとき，その下の部分をいう。

⑤たれ（垂）　　厚　広

　　漢字の，上部から左下にたれる部分をいう。

⑥にょう（繞）　近　建

　　漢字の，左上から右下にかけてとりまいている部分をいう。

⑦かまえ（構）

国 間 医 武 術

漢字の，周囲・三辺・両側などに位置する部分をいう。

★部首の呼び方は，漢字のどこに位置するかでも変わる。たとえば，同
じ「木」の部首でも，「机，板」のように左にあるときは「きへん」と
呼び，偏でない「李，果」などの場合は，「き」と呼ぶ。

■部首の意味

亻	（にんべん）	人。人に関係することを表す。
冫	（にすい）	氷。寒さに関係することを表す。
刂	（りっとう）	刀。切ることを表す。
忄	（りっしんべん）	心。精神，思考に関係することを表す。
扌	（てへん）	手。手の動作に関係することを表す。
氵	（さんずい）	水。水に関係することを表す。
犭	（けものへん）	犬。獣に関係することを表す。
艹	（くさかんむり）	草。草に関係することを表す。
辶	（しんにょう，しんにゅう）	道。道路や歩行などに関係することを表す。
阝	（おおざと）	村。人のいる場所に関係することを表す。
日	（ひへん）	太陽。日の光，時などに関係することを表す。
月	（つきへん）	月。月や時に関係することを表す。
木	（きへん）	木。木の種類や状態などに関係することを表す。
欠	（あくび）	口をあけてする動作に関係することを表す。
止	（とめへん）	足。足の動作に関係することを表す。
歹	（がつへん，かばねへん）	死ぬことや骨に関係することを表す。
灬	（れっか，れんが）	火。火や熱などに関係することを表す。
礻	（しめすへん）	示。祭り，神などに関係することを表す。
月	（にくづき）	肉。肉や人体に関係することを表す。
疒	（やまいだれ）	病気に関係することを表す。
皿	（さら）	皿や鉢（はち）などに関係することを表す。
目	（め，めへん）	目や見ることに関係することを表す。
禾	（のぎ，のぎへん）	穀物に関係することを表す。
衤	（ころもへん）	衣。着物や布に関係することを表す。

■主な部首の名称（1）

部首	名称	例	例	部首	名称	例	例
亻	にんべん	仁	仏	口	くちへん	吸	呼
彳	ぎょうにんべん	往	徳	阝	こざとへん	限	院
冫	にすい	冷	凝	扌	てへん	把	拝
氵	さんずい	流	注	王	おうへん・たまへん	球	理
土	つちへん	地	場	矢	やへん	知	短
犭	けものへん	獲	独	礻	しめすへん	社	祖
方	ほうへん	旗	旅	衤	ころもへん	被	複
日	ひへん	明	晴	言	ごんべん	記	詳
月	つきへん	服	朕	米	こめへん	粋	粉
月	にくづき	肝	肥	足	あしへん	距	跳
孑	こへん	孔	孫	角	つのへん	解	触
女	おんなへん	如	姉	禾	のぎへん	秋	種
木	きへん	札	柳	食	しょくへん	飢	館
山	やまへん	岐	峠	金	かねへん	針	鉄
歹	かばねへん・がつへん	残	殖	目	めへん	眠	瞳
巾	はばへん・きんべん	帆	帳	車	くるまへん	軒	転
火	ひへん	炊	燃	魚	うおへん	鮎	鮭
弓	ゆみへん	引	弾	糸	いとへん	紙	終
忄	りっしんべん	快	悔	貝	かいへん	財	貯
牛	うしへん	物	犠	石	いしへん	研	砂
耳	みみへん	職	聴	馬	うまへん	駅	駄

■主な部首の名称（2）

部首	名称	例	例
斗	とます	料	斜
卩	ふしづくり	印	即
刂	りっとう	利	刻
彡	さんづくり	形	影
阝	おおざと	都	郵
戈	ほこがまえ	戦	戯
攵	のぶん	散	故
斤	おのづくり・きん	断	新
欠	あくび・かける	欧	歓
頁	おおがい	預	順
隹	ふるとり	雑	雅
殳	るまた・ほこつくり	段	段
亠	なべぶた	交	亭
冖	わかんむり	冠	写
宀	うかんむり	客	富
艹	くさかんむり	芸	葉
戸	とだれ・とかんむり	戻	扇
竹	たけかんむり	笑	笛
癶	はつがしら	発	登
穴	あなかんむり	究	窓
雨	あめかんむり	雪	需
罒	あみがしら	罰	罪
耂	おいかんむり	考	老
幺	いとがしら・よう	幾	幼
儿	ひとあし・にんにょう	売	児
心	こころ	忍	忘
夂	ふゆがしら	変	夏
灬	れっか・れんが	熱	無
廾	にじゅうあし	弁	弊
厂	がんだれ	原	厄
广	まだれ	底	庭
疒	やまいだれ	病	痛
尸	しかばね	局	展
辶	しんにょう	迫	過
廴	えんにょう・いんにょう	建	延
走	そうにょう	起	趣
冂	どうがまえ・けいがまえ	冊	再
匚	かくしがまえ・はこがまえ	匿	区
囗	くにがまえ	固	囲
門	もんがまえ	閲	関
行	ぎょうがまえ	衝	街
勹	つつみがまえ	勺	包

1 次の漢字の部首を（　）に記入しなさい。

〈例〉健（亻）　快（忄）

①味（　　）　　②油（　　）　　③眼（　　）

④刷（　　）　　⑤答（　　）　　⑥元（　　）

⑦銀（　　）　　⑧思（　　）　　⑨航（　　）

⑩園（　　）　　⑪運（　　）　　⑫安（　　）

⑬場（　　）　　⑭都（　　）　　⑮鮮（　　）

2 次の漢字の部首と部首名を書きなさい。

	例	①	②	③	④	⑤	⑥	⑦	⑧	⑨	⑩
漢字	緑	徳	許	隊	牧	欲	交	延	開	痛	盛
部首	糸										
部首名	いとへん										

3 次の漢字の部首を（　）に記入しなさい。

〈例〉温（氵）　　植（木）

①冷（　　）　　②慣（　　）　　③捨（　　）

④裸（　　）　　⑤秋（　　）　　⑥晴（　　）

⑦服（　　）　　⑧肺（　　）　　⑨踏（　　）

⑩冠（　　）　　⑪熟（　　）　　⑫悲（　　）

⑬庭（　　）　　⑭街（　　）　　⑮再（　　）

4 次の漢字のうち，部首名が「おおがい」のものはどれか。

①顔　　　②館　　　③配

④猿　　　⑤張　　　　　　　　　　　　　　（　　　　）

5 次の漢字のうち，部首名が「かばねへん」のものはどれか。
　①煙　　　②旗　　　③磁
　④残　　　⑤輪　　　　　　　　　　　　　　　　（　　　）

ANSWER ■部　首

1 ①口　②氵　③目　④刂　⑤竹　⑥儿　⑦金　⑧心　⑨舟　⑩囗
　⑪辶　⑫宀　⑬土　⑭阝　⑮魚

解説　部首名は次のとおりである。①くちへん　②さんずい　③めへん
④りっとう　⑤たけ，たけかんむり　⑥ひとあし，にんにょう　⑦かね，
かねへん　⑧こころ　⑨ふね，ふねへん　⑩くにがまえ　⑪しんにょう，
しんにゅう　⑫うかんむり　⑬つちへん　⑭おおざと　⑮うおへん

2 ①彳・ぎょうにんべん　②言・ごんべん　③阝・こざとへん　④牛（牜）・
うし，うしへん　⑤欠・あくび，かける　⑥亠・なべぶた，けいさんかん
むり　⑦廴・えんにょう，いんにょう　⑧門・もんがまえ　⑨疒・やまいだ
れ　⑩皿・さら

3 ①冫　②忄　③扌　④衤　⑤禾　⑥日　⑦月　⑧月　⑨足（𧾷）　⑩冖
　⑪灬　⑫心　⑬广　⑭行　⑮門

解説　部首名は次のとおりである。①にすい　②りっしんべん　③てへん
④ころもへん　⑤のぎへん　⑥ひへん　⑦つきへん　⑧にくづき　⑨あし
へん　⑩わかんむり　⑪れっか，れんが　⑫こころ，したごころ　⑬まだれ
⑭ぎょうがまえ，ゆきがまえ　⑮どうがまえ，けいがまえ，まきがまえ

4 ❶　**解説**　①「顔」の部首は「頁」。「頁」の部首名は「おおがい」。②
「館」の部首は「食」。「食」の部首名は「しょくへん」。③「配」の部首は
「酉」。「酉」の部首名は「とりへん」。④「猿」の部首は「犭」。「犭」の部
首名は「けものへん」。⑤「張」の部首は「弓」。「弓」の部首名は「ゆみ
へん」。

5 ❹　**解説**　①「煙」の部首・部首名は「火」（ひへん）。②「旗」の部
首・部首名は「方」（ほうへん）。③「磁」の部首・部首名は「石」（いし
へん）。④「残」の部首・部首名は「歹」（かばねへん，いちたへん，がつ
へん）。⑤「輪」の部首・部首名は「車」（くるまへん）。

9. 文　　法

ここがポイント！　　　　　　　　　　　　　　　▥—KEY

■文節と文節との関係

　　文節とは，意味上の最小単位のことである。つまり，これ以上小さく
切ると，意味がわからなくなるところまで細かく切ったものである。

　　　　私は／毎日／小説を／読んで／いる。

　　文節と文節の関係は，次の6種類ある。

●主語と述語の関係

　　　　電車が　鉄橋を　わたる。
　　　　└──(主語)──┘　(述語)

●修飾と被修飾の関係

　　　　明日から　楽しい　夏休みが　始まる。
　　　　(修飾語)　　　　　　　　　　(被修飾語)

★被修飾語の見つけ方

　　被修飾語とは，説明を受ける文節のことである。被修飾語をさがすには，
修飾語の位置を下にずらしていき，すなおに意味がつながる下の文節が被
修飾語となる。

　　明日から—楽しい(×)，明日から—夏休み(×)，明日から—始まる(○)
「明日から」は「始まる」に直接かかっているといえる。

●並立の関係

　　　　犬と　ネコを　家で　飼う。

●補助の関係

　　　　犬が　家で　寝て　いる。

●接続の関係

　　　　ミカン　または　リンゴを　買いたい。

●独立の関係

　　　　はい，それは　僕の　ボールペンです。

■品詞の種類

　品詞とは単語を文法上の性質・形・働きによって分類したもので，下のように 10 品詞に分かれる。

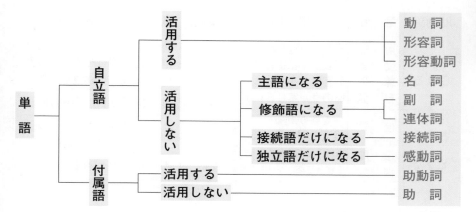

※代名詞を 1 品詞とみなし，11 品詞とする説もある。

- **●自立語**……単独で意味がわかるもので，1 文節中に必ず 1 つある。また，文節の最初にある。
- **●付属語**……単独では意味はわからない。必ず，自立語のあとに付いている。
- **●活　　用**……単語の形があとに続く語によって変化することをいう。活用するのは自立語の動詞・形容詞・形容動詞と付属語の助動詞。活用形は，未然形（行かナイ），連用形（行きマス），終止形（行く），連体形（行くトキ），仮定形（行けバ），命令形（行け）がある。形容詞と形容動詞には命令形はない。
- **●動　　詞**……言い切りの形は「買う」「売る」のように，ウ段の音で終わる。
- **●形容詞**……言い切りの形は「い」で終わる。
- **●形容動詞**……言い切りの形は「だ」で終わる。
- **●副　　詞**……主に用言(動詞，形容詞，形容動詞) を修飾する。
（ゆっくり，もっと，ふと，だんだん）
- **●連体詞**……体言(名詞，代名詞)だけを修飾する。
（あの，ある，その，大きな）

■助動詞の働きと種類

　活用する付属語で，主に用言に付いて文節をつくり，いろいろな意味を付け加える。

助動詞	意　味	用　例	助動詞	意　味	用　例
れる られる	可　能 受　身 尊　敬 自　発	子供でも登られる 代表選手に選ばれる お客様が来られる 母の身が案じられる	ようだ	例　示 推　定 比　況	彼のように生きたい 雨はやんだようだ 氷のような視線
せる させる	使　役	字を書かせる 検査を受けさせる	らしい	推　定	明日は雨らしい
そうだ	伝　聞 様　態	会議は延期になるそうだ 会議は延期になりそうだ	だ です	断　定	今朝はいい天気だ それは机です
			ない	否　定	だれも来ない

■助詞の働きと種類

・活用しない付属語で，主に自立語のあとに付いて文節の一部となる。
・助詞には，「格助詞」「接続助詞」「副助詞」「終助詞」の４種類がある。
●格助詞
・語と語との関係を示すもので，主に体言に付く。
・「が」「を」「で」「へ」「に」「の」「と」「や」「から」「より」などがある。
●接続助詞
・接続詞のように，上の語の意味を下の語に関係づけるはたらきをするもので，主に用言や助動詞に付く。
・「て（で）」「ても（でも）」「たり（だり）」「から」「ので」「ば」「と」「が」「けれど（けれども）」「つつ」「なり」などがある。
●副助詞
・いろいろな品詞について，その語に意味をそえる助詞。そのため，接続の仕方が一定でない。
・「ばかり」「こそ」「だけ」「ほど」「くらい」などがある。
●終助詞
・文の終わりや文節の切れめについて，疑問・感動・禁止などいろいろな意味をそえる。

■敬語の種類

　敬語とは，話し手が話の聞き手や第三者に対して，敬意や丁寧な気持ちを表す言葉で，尊敬語，謙譲語，丁寧語の3種類がある。

■尊敬語の種類

　尊敬語とは，話し手が相手に対して敬意を表す言葉で，表現型には主として次の3つがある。
・お（ご）……になる（なさる）型
　　皆様がお出かけになる。
・助動詞「れる・られる」型
　　市長が学校に来られる。
・尊敬の意味をもつ特別な動詞
　　お客様が食事を召し上がる。

■謙譲語の種類

　謙譲語とは，話し手が自分の動作などをへりくだることにより，相手への敬意を表す言葉で，表現型には主として次の2つがある。
・お（ご）……する（いたす）型
　　皆様を家にお招きする。
　　私からご説明いたします。
・謙譲の意味をもつ，特別な動詞
　　明日，お宅へうかがいます。

■丁寧語

　丁寧語とは，話し手の丁寧な気持ちを表す言葉で，表現型は1つである。
・助動詞「です・ます」型
　　母は自宅にいます。

ポイント　　敬語の問題を解くときの **KEY**

●まずは，動作をする人がだれかを考える。
●動作主が自分以外，特に目上の人である場合，尊敬語を使う。
●動作主が自分や自分側の人間である場合，謙譲語を使う。

1　頻出問題 文節の分け方として正しいものは，次のうちどれか。
①人間が／外界を／とらえ／真理を／知って／行く／
　プロセスは／おおよそ／2つの／パターンが／ある。
②人間が／外界を／とらえ／真理を／知って行く／
　プロセスは／おおよそ／2つのパターンが／ある。
③人間が／外界をとらえ／真理を／知って行く／
　プロセスは／おおよそ／2つのパターンがある。
④人間が／外界をとらえ／真理を知って行く／
　プロセスは／おおよそ／2つのパターンがある。
⑤人間が外界をとらえ／真理を知って行く／
　プロセスは／おおよそ2つのパターンがある。　　　　　　　　（　　）

2　品詞の説明として誤っているものはどれか。
①名　詞 —— 自立語で活用がなく，主語になる。
②副　詞 —— 自立語で活用がなく，体言を修飾する。
③助　詞 —— 付属語で，活用がない。
④助動詞 —— 付属語で，活用がある。
⑤形容詞 —— 自立語で，活用があり，述語になる単語で，終止形が「い」
　　　　　　　で終わる。

　　　　　　　　　　　　　　　　　　　　　　　　　　　　　　　（　　）

3　頻出問題 固有名詞でないものは次のうちどれか。
①東　　京　　　　②アメリカ
③夏目漱石　　　　④ナイル川
⑤スポーツ　　　　　　　　　　　　　　　　　　　　　　　　　　（　　）

4　次のうち，抽象名詞であるものはどれか。
①平　　和　　　　②山
③パソコン　　　　④テレビ
⑤バナナ　　　　　　　　　　　　　　　　　　　　　　　　　　　（　　）

5　頻出問題　次のうち，普通名詞でないものはどれか。
①会　社　　　②飛行機
③日本海　　　④菊
⑤メロン　　　　　　　　　　　　　　　　　　　　　（　　）

ANSWER-1　■文　法

1　**①**　解説　文節とは，文を意味のわかる範囲で分けた単位のことで，つまり，意味上の最小単位のことである。したがって，「意味がわからない」と，それは文節とはいえない。ただし，「意味がわかっても，それが意味上の最小単位でない」と，文節とはいえない。

2　**②**　解説　副詞は，自立語で，活用がなく，用言（動詞，形容詞，形容動詞）を修飾する。これに対し，連体詞は，自立語で，活用がなく，体言（名詞）を修飾する。

・彼女はいきなり怒り出した。　　・大きな花が咲いた。
　　　　　副詞　　　　　　　　　　　連体詞

　なお，形容動詞とは，自立語で，活用があり，述語になる単語で，終止形が「だ」で終わる。

3　**⑤**　解説　名詞は，おおよそ次の5つに分けられる。

・普通名詞……一般的な物事の名称を表す。普通名詞のなかで，形，内容がはっきりわからないものを抽象名詞という。
・固有名詞……人名，地名などの特定のものにつけられているもの。
・代名詞……「彼」「彼女」などの人称代名詞，「これ」「それ」などの指示代名詞などがある。
・数　詞……事物の数量や順序を表す名詞で，「1本」「3番」など。
・形式名詞……「たいへん困ったことだ」の「こと」のように，単に形式的に用いられるようになった名詞。「こと」のほかに，「もの」「ところ」などがある。

4　**①**　解説　「精神」「努力」なども抽象名詞である。
5　**③**　解説　「日本海」は固有名詞である。

1 下線部の2つの文節の関係について，次のうち正しいものはどれか。

ヒロシは<u>あわてて</u> <u>帰宅した</u>。

①主語・述語の関係

②修飾・被修飾の関係

③並立の関係

④補助の関係

⑤接続の関係　　　　　　　　　　　　　　　　　　　　　　　　（　　）

2 下線部が形容詞の連用形であるものは，次のうちどれか。

①桜の花は<u>美しかろ</u>う。

②値段が<u>高ければ</u>，買わない。

③昨日の夜はとても<u>寒かった</u>。

④形が<u>よい</u>ので人目をひく。

⑤景色が<u>すばらしい</u>。　　　　　　　　　　　　　　　　　　（　　）

3 次の文の下線部の品詞の組み合わせとして，正しいものはどれか。

　A　水は<u>あらゆる</u>生命の源である。

　B　<u>ぼんやり</u>外をみつめる。

　C　日曜日の朝はとても<u>静かだった</u>。

　D　あの部長は<u>たいした</u>人物だ。

	A	B	C	D
①	形容動詞	副　　詞	連体詞	形容動詞
②	連体詞	形容動詞	副　　詞	形容動詞
③	副　　詞	連体詞	形容動詞	連体詞
④	形容動詞	連体詞	副　　詞	副　　詞
⑤	連体詞	副　　詞	形容動詞	連体詞

（　　）

4　下線部の品詞が副詞であるものは，次のうちどれか。

①選手団は<u>ただちに</u>ホテルを出発した。

②難問を<u>すみやかに</u>解決する。

③<u>きれいな</u>月を見ながら帰る。

④約束の時間に<u>わずかに</u>遅れた。

⑤<u>ある</u>人の話を聞かせよう。　　　　　　　　　　　　　　（　　）

ANSWER-2　■文　法

1　**②**　**解説**　ヒロシは　あわてて　帰宅した。
　　　　　　　　　　　　修飾語　　被修飾語

<u>ヒロシは</u>あわてて<u>帰宅した</u>。この場合，主語・述語の関係となる。
　主語　　　　　　　述語

2　**③**　**解説**　形容詞にも動詞と同じように活用があるが，動詞と異なり，活用の仕方は次の1種類である。また，命令形はないので，活用形は5つとなる。

基本形	語幹	未然形	連用形	終止形	連体形	仮定形
美しい	美し	かろ	かっ	い	い	けれ
寒　い	寒		く			

①未然形　②仮定形　③連用形　④「よい」なので終止形か連体形のどちらかである。ただ，「ので」「ようだ」などに連なる場合，連体形である。⑤文を言い切るのは，終止形である。

3　**⑤**　**解説**　A：連体詞「あらゆる」は「生命」という名詞を修飾している。また，「あらゆる」は活用がない。B：副詞「ぼんやり」は「みつめる」という動詞を修飾している。また，「ぼんやり」は活用がない。C：形容動詞「静か」は「静かだ」というように，言い切りの形が「だ」となる。D：連体詞「たいした」は「人物」という名詞を修飾している。また，「たいした」は活用がない。

4　**①**　**解説**　①②④副詞と形容動詞の区別は，「な」をつけてみるとわかる。つまり，「な」をつけてあてはまるのが形容動詞，「な」をつけてあてはまらないのが副詞。③「きれいだ」となり，形容動詞。⑤連体詞

1　次の下線部と同じ意味のものを下から選びなさい。
　　　5時までに行か<u>れる</u>。
①父にほめ<u>られる</u>。
②市長が来<u>られる</u>。
③このきのこは食べ<u>られる</u>。
④先生にしか<u>られる</u>。
⑤昔が懐かしく思い出さ<u>れる</u>。　　　　　　　　　　　　　　　（　　）

2　下線部が副助詞であるものは，次のうちどれか。
①眠い<u>が</u>，寝ない。
②いっしょに行きません<u>か</u>。
③台風<u>で</u>家が倒壊する。
④走れ<u>ば</u>追いつくだろう。
⑤彼女は甘いもの<u>ばかり</u>食べる。　　　　　　　　　　　　　（　　）

3　頻出問題 次のうち，尊敬語にあたるのはどれか。
①申し上げる
②拝見する
③ご説明いたします
④ご出発なさる
⑤さしあげる　　　　　　　　　　　　　　　　　　　　　　　　（　　）

4　下線部の「ない」の品詞が助動詞であるものは次のうちどれか。
①答えは難しく<u>ない</u>。
②早く出かけ<u>ない</u>と遅刻しますよ。
③金もなく，地位も<u>ない</u>。
④文句を言われる筋合いでは<u>ない</u>。
⑤そんなことは<u>ない</u>だろう。　　　　　　　　　　　　　　　（　　）

特別な動詞

普通の表現	尊敬語	謙譲語	普通の表現	尊敬語	謙譲語
行　く	いらっしゃる	参る, うかがう	する	なさる・あそばす	いたす
来　る	いらっしゃる	参る	くれる(与える)	くださる	あげる さしあげる
食べる	召し上がる	いただく			
言　う	おっしゃる	申す, 申し上げる	見る	(ごらんになる)	拝見する
聞　く	(お聞きになる)	うかがう, うけたまわる	思う	(お思いになる)	存じる
			知る	ご存じである	存じ上げる

ANSWER-3　■文　法

1　**③**　**解説**　「れる・られる」の表す意味には，受身，可能，自発，尊敬の４つがある。「５時までに行か**れる**」の「れる」は可能を表している。
①受身　②尊敬　③可能　④受身　⑤自発

2　**⑤**　**解説**　助詞は，格助詞，接続助詞，副助詞，終助詞の４種類ある。
①接続助詞　②終助詞　③格助詞　④接続助詞　⑤副助詞

3　**④**　**解説**　①②③⑤はいずれも謙譲語である。

4　**②**　**解説**　助動詞の「ない」と形容詞の「ない」の見分け方は，文中の「ない」を「ぬ」と言い換えられれば，それは助動詞の「ない」である。

　①「答えは難しく**ない**」の場合，「難しくぬ」となり，「ぬ」と言い換えられない。また，「答えは難しく**は**ない」というように，「は」「も」などの助詞を補える場合，その「ない」は形容詞といえる。なお，③の「地位も**ない**」，④の「筋合いでは**ない**」，⑤の「そんなことは**ない**」というように，もともと直前に「は」「も」が入っている場合，その「ない」は形容詞である。

　②「早く出かけ**ない**と……」の場合，「早く出かけぬと」となり，「ぬ」と言い換えられるので，助動詞の「ない」といえる。

文 学 作 品

■日本文学

作　品	作　者
小説神髄	坪内逍遥
浮　雲	二葉亭四迷
五重塔	幸田露伴
高野聖	泉　鏡花
不如帰	徳冨蘆花
武蔵野	国木田独歩
蒲団，田舎教師	田山花袋
新世界	徳田秋声
あめりか物語	永井荷風
カインの末裔	有島武郎
機　械	横光利一
風立ちぬ	堀　辰雄
風の又三郎	宮沢賢治
青い山脈	石坂洋次郎
火宅の人	檀　一雄
ビルマの竪琴	竹山道雄
花の生涯	舟橋聖一
二十四の瞳	壺井　栄
点と線	松本清張
雲の墓標	阿川弘之
飼　育	大江健三郎
白い人	遠藤周作
飢餓海峡	水上　勉
海辺の光景	安岡章太郎
楡家の人々	北　杜夫
青春の門	五木寛之
日本沈没	小松左京
ノルウェイの森	村上春樹

■海外文学

作　品	作　者
ハムレット，リア王	シェイクスピア
ドン・キホーテ	セルバンテス
ガリヴァー旅行記	スウィフト
若きウェルテルの悩み	ゲーテ
赤と黒	スタンダール
人間喜劇	バルザック
即興詩人	アンデルセン
父と子，猟人日記	ツルゲーネフ
ボヴァリー夫人	フローベール
レ・ミゼラブル	ユーゴー
戦争と平和，復活	トルストイ
罪と罰	ドストエフスキー
人形の家	イプセン
居酒屋	ゾラ
悪の華	ボードレール
女の一生	モーパッサン
桜の園，かもめ	チェーホフ
どん底	ゴーリキー
青い鳥	メーテルリンク
背徳者，狭き門	ジイド
魔の山	トーマス・マン
月と六ペンス	モーム
阿Q正伝	魯　迅
武器よさらば	ヘミングウェイ
風と共に去りぬ	ミッチェル
エデンの東	スタインベック
異邦人	カミュ
悲しみよこんにちは	サガン

数学

1. 式の加法・減法＆乗法・除法

ここがポイント！　　　　　　　　　　　　　　　■ーKEY

■加　法

● 同じ符号の2数の和

$$2+3 = +(2+3) = +5 = 5$$
$$(-2)+(-3) = -(2+3) = -5$$

2つの数の符号が同じ場合，2つの数の絶対値（符号をとった数）の和に，＋（プラス）か－（マイナス）の符号をつければよい。

● 異なる符号の2数の和

$$-1+2 = +(2-1) = 1$$
$$-7+4 = -(7-4) = -3$$

たとえば，$-7+4$ の場合，7と4に注目し，$7-4=3$
次に，絶対値が大きい「7」の方に「－」がついているので，-3 とする。

■減　法

$$5-8 = 5+(-8) = -(8-5) = -3$$
$$-3-5 = (-3)+(-5) = -(3+5) = -8$$

加法に直して計算する。

■加減のまじった計算

$$(+8)-(+9)+(+2)$$
$$= 8-9+2$$
$$= 1$$

$$(+5)+(-7)-(-6)$$
$$= 5-7+6$$
$$= 4$$

$$(-7)-(-5)-(+3)$$
$$= -7+5-3$$
$$= -5$$

KEY

$$-(+4) = -4$$
$$+(-4) = -4$$
$$-(-4) = 4$$
$$+(+4) = 4$$

■**乗　法**

●**同じ符号の２数の積**

$3 \times 2 = 6$

$(-3) \times (-2) = +(3 \times 2) = +6 = 6$

２つの数の符号が同じ場合，２つの数の絶対値の積に，＋（プラス）の符号をつける。

●**異なる符号の２数の積**

$5 \times (-4) = -(5 \times 4) = -20$

$(-5) \times 4 = -(5 \times 4) = -20$

２つの数の符号が異なる場合，２つの数の絶対値の積に，－（マイナス）の符号をつける。

●**累　乗**

２乗，３乗，４乗など，同じ数を何個かかけあわせたものを 累乗 という。

$6^2 = 6 \times 6 = 36$

$6^3 = 6 \times 6 \times 6 = 216$

また，6^{2} 指数という

■**除　法**

●**同じ符号の２数の商**

$8 \div 2 = 4$

$(-8) \div (-2) = +(8 \div 2) = 4$

２つの数の符号が同じ場合，２つの数の絶対値の商に，＋（プラス）の符号をつける。

●**異なる符号の２数の商**

$15 \div (-3) = -(15 \div 3) = -5$

$(-15) \div 3 = -(15 \div 3) = -5$

２つの数の符号が異なる場合，２つの数の絶対値の商に，－（マイナス）の符号をつける。

数学

■乗除のまじった計算

$$4 \div \frac{2}{3} \times \left(-\frac{5}{6}\right) = 4 \times \frac{3}{2} \times \left(-\frac{5}{6}\right) = 6 \times \left(-\frac{5}{6}\right) = -5$$

$$8 \div \frac{4}{5} = 8^{2} \times \frac{5}{4}_{1} = 10$$

$$(-20) \div \frac{4}{3} \times \left(-\frac{8}{5}\right) = (-20)^{5} \times \frac{3}{4}_{1} \times \left(-\frac{8}{5}\right)$$

$$= (-15)^{3} \times \left(-\frac{8}{5}\right)_{1} = 24$$

 乗法と除法がまじった式は，すべて乗法の式に直して計算する。
除法を乗法に直す場合，割る数の逆数（分母と分子を入れかえた数）
をかける。

■四則のまじった計算

　加減と乗除がまじっている場合，乗除を先に計算し，その後に加減を
計算する。

$$8 + 3 \times 6 = 8 + 18 = 26$$

$$7 + 4 \times (-5) = 7 - 20 = -13$$

$$3 \times 9 - 12 = 27 - 12 = 15$$

$$(-2) \times 5 + 11 = -10 + 11 = 1$$

$$6 + 16 \div 2 = 6 + 8 = 14$$

$$12 + 21 \div (-7) = 12 - 3 = 9$$

$$9 - 36 \div 6 = 9 - 6 = 3$$

$$(-25) \div (-5) + 3 = 5 + 3 = 8$$

●分配法則

★ $(a + b) \times c = a \times c + b \times c$

　　$(5 + 3) \times 6 = 5 \times 6 + 3 \times 6 = 30 + 18 = 48$

ただし，下のように（　　）の中を先に計算してもよい。

　　$(5 + 3) \times 6 = 8 \times 6 = 48$

★ $a \times (b + c) = a \times b + a \times c$

　　$7 \times (4 + 8) = 7 \times 4 + 7 \times 8 = 28 + 56 = 84$

■単項式と多項式

- **単項式**……1つの項だけでできている式。別言すれば，数や文字の乗法だけで作られている式。

  例 a^2, ab, $2ab^2$, abc^2, $-4a^2b^2$ など

- **多項式**……2つ以上の項からできている式。別言すれば，単項式の和の形で表されている式。

  例 a^2+ab, $ab+2ab^2$, $2ab^2+abc^2+(-4a^2b^2)$ など

  なお，同類項とは，1つの式のなかで，文字の部分が同じ項のことで，これらは下のように1つにまとめることができる。

  $$3x+2y+7x-5y=(3+7)x+(2-5)y=10x-3y$$

■多項式の加法と減法

KEY
+（　）の場合→そのままかっこをはずし，同類項をまとめる。
−（　）の場合→符号を変えてかっこをはずし，同類項をまとめる。

$$(3x+2y)+(5x-6y)$$
$$=3x+2y+5x-6y \quad \text{◁そのままかっこをはずす}$$
$$=(3+5)x+(2-6)y$$
$$=8x+(-4y)$$
$$=8x-4y$$

$$(2x^2-4x+3)-(4x^2-7x-8)$$
$$=2x^2-4x+3-4x^2+7x+8 \quad \text{◁符号を変える}$$
$$=2x^2-4x^2-4x+7x+3+8$$
$$=(2-4)x^2-(4x-7x)+(3+8) \quad \text{◁符号を変える}$$
$$=(2-4)x^2-(4-7)x+(3+8)$$
$$=-2x^2-(-3x)+11$$
$$=-2x^2+3x+11$$

〔別解〕 $2x^2-4x+3-4x^2+7x+8$
$$=2x^2-4x^2+7x-4x+3+8 \quad \text{◁計算しやすいよう，順番を変える}$$
$$=(2-4)x^2+(7-4)x+(3+8)$$
$$=-2x^2+3x+11$$

数学

■分数が入った式の加減

$$3a + \frac{5a-3}{2} = \boxed{\frac{6a}{2}} + \frac{5a-3}{2}$$

$$= \frac{6a+5a-3}{2} = \frac{11a-3}{2}$$

$$3a + \frac{5a-3}{2} = 6a + 5a - 3 = 11a - 3 \quad (\text{誤り})$$

KEY　分母をはらってはいけない*!!*
通分して，分子の同類項を整理する。

$$\frac{a+5b}{3} + \frac{5a-7b}{4}$$

$$= \frac{a \times 4 + 5b \times 4}{3 \times 4} + \frac{5a \times 3 - 7b \times 3}{4 \times 3}$$

$$= \frac{4a+20b}{12} + \frac{15a-21b}{12} = \frac{4a+15a+20b-21b}{12}$$

$$= \frac{19a-b}{12}$$

■単項式の乗除

●単項式の乗法

$$2x \times 4y = (2 \times 4) \times (x \times y) = 8 \times xy = 8xy$$

係数どうし（ここでは2と4），文字どうし（ここではxとy）をそれぞれかける。

$$\frac{1}{3}x \times \left(-\frac{3}{4}x^2y\right) = \frac{1}{3} \times \left(-\frac{3}{4}\right) \times x \times x^2 \times y = -\frac{x^3y}{4}$$

●単項式の除法

$$14xy \div 7y = \frac{\overset{2}{14}x\overset{}{y}}{\underset{1}{7}\,y} = \frac{2x}{1} = 2x$$

割られる式（ここでは$14xy$）を分子，割る式を分母にして約分する。

$$8x^2y \div \frac{4x}{y} = \overset{2}{8}x^2y \times \frac{y}{\underset{1}{4x}} = \frac{2xy^2}{1} = 2xy^2$$

乗法に直して計算する。

■単項式と多項式の乗法

「分配法則」を利用してかっこをはずす。

$$2a(3x-5y)=2a\times3x+2a\times(-5y)$$
$$=6ax-10ay$$
$$(4x-6y)\times(-3b)=4x\times(-3b)-6y\times(-3b)$$
$$=-12bx+18by$$

■多項式と単項式の除法

多項式の各項をその単項式で割る。

$$(9a^2-6a)\div3a=\frac{9a^2}{3a}-\frac{6a}{3a}=3a-2$$
$$(24b^3-18b^2-15b)\div(-3b)=\frac{24b^3}{-3b}-\frac{18b^2}{-3b}-\frac{15b}{-3b}$$
$$=-\frac{24b^3}{3b}+\frac{18b^2}{3b}+\frac{15b}{3b}=-8b^2+6b+5$$

■多項式と多項式の乗法

一方の多項式の各項に，他方の多項式の各項を順々にかけていく。

$$(2x-4)(3x+7)$$
$$=2x\times3x+2x\times7-4\times3x-4\times7$$
$$=6x^2+14x-12x-28$$
$$=6x^2+2x-28$$

$$(4a+5)(5a-2)$$
$$=4a\times5a+4a\times(-2)+5\times5a+5\times(-2)$$
$$=20a^2-8a+25a-10$$
$$=20a^2+17a-10$$

$$\left(\frac{1}{2}a-\frac{1}{4}b\right)\left(\frac{2}{3}a-\frac{1}{6}b\right)$$
$$=\frac{1}{2}a\times\frac{2}{3}a+\frac{1}{2}a\times\left(-\frac{1}{6}b\right)-\frac{1}{4}b\times\frac{2}{3}a-\frac{1}{4}b\times\left(-\frac{1}{6}b\right)$$
$$=\frac{1}{3}a^2-\frac{1}{12}ab-\frac{1}{6}ab+\frac{1}{24}b^2$$
$$=\frac{1}{3}a^2-\frac{1}{4}ab+\frac{1}{24}b^2$$

数学

1 次の計算をしなさい。

① $8 + (-5) - (-9)$

② $(-4) + 5 + (-8) - 2$

③ $\left(-\dfrac{2}{3}\right) + \left(-\dfrac{1}{2}\right) - \left(+\dfrac{5}{6}\right)$

④ $\dfrac{3}{4} - \left(-\dfrac{1}{2}\right) - \dfrac{1}{4}$

⑤ $\dfrac{1}{3} - \left(\dfrac{1}{4} - \dfrac{5}{3}\right)$

⑥ $1.25 - \left(-\dfrac{2}{3} + \dfrac{3}{4}\right)$

2 次の計算をしなさい。

① $(-7) \times 8$

② $(-6) \times (-4)$

③ $(-3) \times 5 \times 0$

④ $12 \times (-7) \times (-3) \times 1$

⑤ $\left(-\dfrac{5}{8}\right) \times \left(-\dfrac{4}{3}\right)$

⑥ $\left(-\dfrac{3}{7}\right) \times 2\dfrac{2}{6}$

⑦ 4^3

⑧ $(-2)^5$

3 次の計算をしなさい。

① $21 \div (-7)$

② $(-33) \div (-11)$

③ $(-1.8) \div 0.4$

④ $0.75 \div (-2.5)$

⑤ $\dfrac{13}{2} \div \left(-\dfrac{5}{6}\right)$

⑥ $\left(-3\dfrac{2}{3}\right) \div \left(-5\dfrac{3}{6}\right)$

KEY

小数は分数に直す

$$2.4 \div 8 = 2\frac{4}{10} \div 8 = \frac{24}{10} \times \frac{1}{8} = \frac{\overset{3}{24} \times 1}{10 \times \underset{1}{8}} = \frac{3}{10}$$

$$3.6 \div 0.4 = 3\frac{6}{10} \div \frac{4}{10} = \frac{36}{10} \times \frac{10}{4} = \frac{\overset{9}{36} \times \overset{1}{10}}{\underset{1}{10} \times \underset{1}{4}} = 9$$

★小数を分数に直す方法

$$0.2 = \frac{2}{10}, \quad 0.3 = \frac{3}{10}, \quad 0.25 = \frac{25}{100} = \frac{1}{4} \quad 0.75 = \frac{75}{100} = \frac{3}{4}$$

上記のように，分母を10または100にするとよい。

ANSWER-1 ■式の加法・減法&乗法・除法

1 ①12 ②-9 ③-2 ④1 ⑤$1\frac{3}{4}$ ⑥$1\frac{1}{6}$

解説 ①$8 + (-5) - (-9) = 8 - 5 + 9 = 12$ ②$(-4) + 5 + (-8) - 2 = -4 + 5 - 8 - 2 = -9$ ③$\left(-\frac{2}{3}\right) + \left(-\frac{1}{2}\right) - \left(+\frac{5}{6}\right) = -\frac{4}{6} - \frac{3}{6} - \frac{5}{6} = -\frac{12}{6} = -2$

④$\frac{3}{4} - \left(-\frac{1}{2}\right) - \frac{1}{4} = \frac{3}{4} + \frac{1}{2} - \frac{1}{4} = \frac{2}{4} + \frac{1}{2} = 1$ ⑤$\frac{1}{3} - \left(\frac{1}{4} - \frac{5}{3}\right) = \frac{1}{3} - \frac{1}{4} + \frac{5}{3} = \frac{6}{3} - \frac{1}{4} = 1\frac{3}{4}$ ⑥$1.25 - \left(-\frac{2}{3} + \frac{3}{4}\right) = 1\frac{1}{4} + \frac{2}{3} - \frac{3}{4} = \frac{5}{4} - \frac{3}{4} + \frac{2}{3} = \frac{3}{4} + \frac{2}{3} = \frac{6}{12} + \frac{8}{12} = \frac{14}{12} = 1\frac{2}{12} = 1\frac{1}{6}$

2 ①-56 ②24 ③0 ④252 ⑤$\frac{5}{6}$ ⑥-1 ⑦64 ⑧-32

解説 ③0に何をかけても0となる。

④$12 \times (-7) \times (-3) \times 1 = (-84) \times (-3) \times 1 = 252 \times 1 = 252$

⑤$\left(-\frac{5}{8}\right) \times \left(-\frac{4}{3}\right) = \frac{5 \times \overset{1}{4}}{\underset{2}{8} \times 3} = \frac{5}{6}$ ⑥$\left(-\frac{3}{7}\right) \times 2\frac{2}{6} = \left(-\frac{3}{7}\right) \times \frac{14}{6} = -\frac{\overset{1}{3} \times \overset{2}{14}}{\underset{1}{7} \times \underset{2}{6}} = -\frac{2}{2} = -1$ ⑦$4^3 = 4 \times 4 \times 4 = 16 \times 4 = 64$

⑧$(-2)^5 = (-2) \times (-2) \times (-2) \times (-2) \times (-2) = 4 \times 4 \times (-2) = 16 \times (-2) = -32$

3 ①-3 ②3 ③$-\frac{9}{2}$ ④$-\frac{3}{10}$ ⑤$-7\frac{4}{5}$ ⑥$\frac{2}{3}$

解説 ③$(-1.8) \div 0.4 = \left(-1\frac{4}{5}\right) \div \frac{4}{10} = \left(-\frac{9}{5}\right) \times \frac{10}{4} = -\frac{9 \times \overset{1}{10}}{\underset{1}{5} \times \underset{2}{4}} = -\frac{9}{2}$

④$0.75 \div (-2.5) = \frac{3}{4} \div \left(-2\frac{1}{2}\right) = \frac{3}{4} \times \left(-\frac{2}{5}\right) = -\frac{3 \times \overset{1}{2}}{\underset{2}{4} \times 5} = -\frac{3}{10}$

⑤$\frac{13}{2} \div \left(-\frac{5}{6}\right) = \frac{13}{2} \times -\frac{6}{5} = -\frac{13 \times \overset{3}{6}}{\underset{1}{2} \times 5} = -\frac{39}{5} = -7\frac{4}{5}$

⑥$\left(-3\frac{2}{3}\right) \div \left(-5\frac{3}{6}\right) = \left(-\frac{11}{3}\right) \div \left(-\frac{33}{6}\right) = \frac{\overset{1}{11}}{\underset{1}{3}} \times \frac{\overset{2}{6}}{\underset{3}{33}} = \frac{2}{3}$

1 頻出問題 次の計算をしなさい。

① $5 \times (-3) + 6$

② $7 + 4 \times (-8)$

③ $8 + 25 \div (-5)$

④ $-12 \times (-3) + (-8) \div (-4)$

⑤ $16 \div (-2)^3 - (-27) \div (-3^2)$

⑥ $15 \times (-1)^5 - 6^2 \div (-9)$

⑦ $\left(\dfrac{1}{2} - \dfrac{2}{3}\right) \times (-6) - \left(-\dfrac{1}{4}\right) \div \left(-\dfrac{1}{2}\right)$

⑧ $\left(-\dfrac{3}{5}\right) \times \left(-\dfrac{10}{9}\right) \div \dfrac{2}{3}$

2 次の計算をしなさい。

① $(3x + 2y) - (5x - 4y)$

② $-(7x - 3y) - (x + 8y)$

③ $(4x^2 - 3) - (2x^2 - 6x - 8)$

④ $-(5x^2 + 7x + 9) + (8x^2 - 3x)$

⑤ $2x + \{4y - (3x - 5y)\}$

⑥ $6x - \{9y - (4x - 6y)\}$

⑦ $\left(\dfrac{1}{5}a - \dfrac{2}{3}b\right) + \left(\dfrac{3}{2}a - \dfrac{1}{6}b\right)$

⑧ $\left(-\dfrac{1}{4}a + b\right) - \left(\dfrac{1}{6}a - \dfrac{3}{7}b\right)$

3 次の計算をしなさい。

① $3(2a - 5b)$

② $(3x^2 - 5x + 7) \times (-4)$

③ $(12x^2 - 9x) \div (-3x)$

④ $(-18a^2 + 15ab - 3b^2) \div \dfrac{3}{2}$

ANSWER-2 ■式の加法・減法＆乗法・除法

1 ① -9 ② -25 ③ 3 ④ 38 ⑤ -5 ⑥ -11 ⑦ $\frac{1}{2}$ ⑧ 1

解説 ① $5\times(-3)+6=-15+6=-9$ ② $7+4\times(-8)=7+(-32)=7-32=$ -25 ③ $8+25\div(-5)=8+(-5)=8-5=3$ ④ $-12\times(-3)+(-8)\div$ $(-4)=36+2=38$ ⑤ $16\div(-2)^3-(-27)\div(-3^2)=16\div(-8)-(-27)\div$ $(-9)=-2-3=-5$ 〔注〕$(-3)^2=(-3)\times(-3)=9$ $-3^2=-(3\times3)=-9$ ⑥ $15\times(-1)^5-6^2\div(-9)=15\times(-1)-36\div(-9)=-15+4=-11$ ⑦ $\left(\frac{1}{2}-\frac{2}{3}\right)\times$ $(-6)-\left(-\frac{1}{4}\right)\div\left(-\frac{1}{2}\right)=\left(\frac{3}{6}-\frac{4}{6}\right)\times(-6)-\left(-\frac{1}{4}\right)\div\left(-\frac{1}{2}\right)=\left(-\frac{1}{6}\right)\times(-6)-$ $\left(-\frac{1}{4}\right)\times\left(-\frac{2}{1}\right)=1-\frac{1}{2}=\frac{1}{2}$ ⑧ $\left(-\frac{3}{5}\right)\times\left(-\frac{10}{9}\right)\div\frac{2}{3}=\frac{\overset{1}{\cancel{3}}\times\overset{2}{\cancel{10}}}{\underset{1}{\cancel{5}}\times\underset{3}{\cancel{9}}}\div\frac{2}{3}=\frac{2}{3}$ $\times\frac{3}{2}=1$

2 ① $-2x+6y$ ② $-8x-5y$ ③ $2x^2+6x+5$ ④ $3x^2-10x-9$
⑤ $-x+9y$ ⑥ $10x-15y$ ⑦ $1\frac{7}{10}a-\frac{5}{6}b$ ⑧ $-\frac{5}{12}a+1\frac{3}{7}b$

解説 ① $(3x+2y)-(5x-4y)=3x+2y-5x+4y=(3-5)x+(2+4)y=-$ $2x+6y$ ② $-(7x-3y)-(x+8y)=-7x+3y-x-8y=(-7-1)x+(3-8)y$ $=-8x-5y$ ③ $(4x^2-3)-(2x^2-6x-8)=4x^2-3-2x^2+6x+8=(4-2)$ $x^2+6x+(8-3)=2x^2+6x+5$ ④ $-(5x^2+7x+9)+(8x^2-3x)=-5x^2-$ $7x-9+8x^2-3x=(8-5)x^2+(-7-3)x-9=3x^2-10x-9$ ⑤ $2x+\{4y-$ $(3x-5y)\}=2x+\{4y-3x+5y\}=2x+\{(4+5)y-3x)\}=2x+9y-3x=$ $(2-3)x+9y=-x+9y$ 〔注〕2重かっこでは，先に（ ）をはずす。
⑥ $6x-\{9y-(4x-6y)\}=6x-\{9y-4x+6y\}=6x-\{(9+6)y-4x\}=$ $6x-\{15y-4x\}=6x-15y+4x=(6+4)x-15y=10x-15y$ ⑦ $\left(\frac{1}{5}a-\frac{2}{3}b\right)+$ $\left(\frac{3}{2}a-\frac{1}{6}b\right)=\frac{1}{5}a-\frac{2}{3}b+\frac{3}{2}a-\frac{1}{6}b=\left(\frac{1}{5}+\frac{3}{2}\right)a+\left(-\frac{2}{3}-\frac{1}{6}\right)b=\left(\frac{2}{10}+\right.$ $\left.\frac{15}{10}\right)a+\left(-\frac{4}{6}-\frac{1}{6}\right)b=\frac{17}{10}a-\frac{5}{6}b=1\frac{7}{10}a-\frac{5}{6}b$ ⑧ $\left(-\frac{1}{4}a+b\right)-\left(\frac{1}{6}a\right.$ $\left.-\frac{3}{7}b\right)=-\frac{1}{4}a+b-\frac{1}{6}a+\frac{3}{7}b=\left(-\frac{1}{4}-\frac{1}{6}\right)a+\left(1+\frac{3}{7}\right)b=\left(-\frac{3}{12}-\frac{2}{12}\right)a+$ $1\frac{3}{7}b=-\frac{5}{12}a+1\frac{3}{7}b$

3 ① $6a-15b$ ② $-12x^2+20x-28$ ③ $-4x+3$ ④ $-12a^2+10ab-2b^2$
解説 ④ $(-18a^2+15ab-3b^2)\div\frac{3}{2}=(-18a^2+15ab-3b^2)\times\frac{2}{3}=-12a^2+$ $10ab-2b^2$

1 頻出問題 次の計算をしなさい。

① $4(5a+3b)+3(2a-4b)$

② $3(-2a-4b)-5(3b-4a)$

③ $\dfrac{x-3y}{3}+\dfrac{2x+y}{4}$

④ $\dfrac{3a-4b}{5}-\dfrac{a-b}{6}$

⑤ $2a+\dfrac{3a-8}{6}$

⑥ $-\dfrac{3x-2y}{2}+\dfrac{5x-3y}{4}$

2 $a=-2$，$b=3$のとき，$\dfrac{b}{a}-\dfrac{ab}{b^2}$ の値は次のうちどれか。

① $\dfrac{2}{3}$　　② $\dfrac{5}{6}$　　③ $\dfrac{19}{9}$

④ $-\dfrac{2}{3}$　　⑤ $-\dfrac{5}{6}$　　　　　（　　）

3 $a=\dfrac{1}{2}$，$b=4$のとき，$3(2a-3b)-2(-3a-2b)$の値は次のうちどれか。

① 26　　② 28　　③ 30

④ -14　　⑤ -18　　　　　（　　）

4 $a=\dfrac{4}{5}$，$b=\dfrac{1}{3}$のとき，$(5a^2b-3ab^2)\div ab$の値は次のうちどれか。

① 2　　② 3　　③ -2

④ -3　　⑤ -4　　　　　（　　）

5 $x=2$，$y=\dfrac{1}{4}$のとき，$-4x^2y^2\div 2xy^2\times 3x^2y$の値は次のうちどれか。

① -9　　② -10　　③ -12

④ -14　　⑤ -15　　　　　（　　）

ANSWER-3　■式の加法・減法＆乗法・除法

1 ①$26a$　②$14a-27b$　③$\dfrac{5}{6}x-\dfrac{3}{4}y$　④$\dfrac{13}{30}a-\dfrac{19}{30}b$　⑤$\dfrac{5}{2}a-\dfrac{4}{3}$

⑥$-\dfrac{x-y}{4}$

解説　①$4(5a+3b)+3(2a-4b)=20a+12b+6a-12b=(20+6)a+$

$(12-12)b=26a$　②$3(-2a-4b)-5(3b-4a)=-6a-12b-15b+20a=$

$(20-6)a+(-12-15)b=14a-27b$　③$\dfrac{x-3y}{3}+\dfrac{2x+y}{4}=\dfrac{4x-12y}{12}+$

$\dfrac{6x+3y}{12}=\dfrac{(4+6)x+(3-12)y}{12}=\dfrac{10}{12}x+\dfrac{-9}{12}y=\dfrac{5}{6}x-\dfrac{3}{4}y$

④$\dfrac{3a-4b}{5}-\dfrac{a-b}{6}=\dfrac{18a-24b}{30}-\dfrac{5a-5b}{30}=\dfrac{18a-24b-(5a-5b)}{30}=$

$\dfrac{(18-5)a+(5-24)b}{30}=\dfrac{13a-19b}{30}=\dfrac{13}{30}a-\dfrac{19}{30}b$　⑤$2a+\dfrac{3a-8}{6}=\dfrac{12a}{6}$

$+\dfrac{3a-8}{6}=\dfrac{(12+3)a-8}{6}=\dfrac{15}{6}a-\dfrac{8}{6}=\dfrac{5}{2}a-\dfrac{4}{3}$　⑥$-\dfrac{3x-2y}{2}+\dfrac{5x-3y}{4}$

$=\dfrac{-3x+2y}{2}+\dfrac{5x-3y}{4}=\dfrac{-6x+4y}{4}+\dfrac{5x-3y}{4}=\dfrac{(5-6)x+(4-3)y}{4}=$

$\dfrac{-x+y}{4}=-\dfrac{x-y}{4}$

2 ⑤　**解説**　$\dfrac{b}{a}-\dfrac{ab}{b^2}=\dfrac{3}{-2}-\dfrac{(-2)\times3}{3^2}=\dfrac{-3}{2}-\dfrac{-6}{9}=\dfrac{-3}{2}+\dfrac{6}{9}=\dfrac{-3\times9}{2\times9}$

$+\dfrac{6\times2}{9\times2}=\dfrac{-27+12}{18}=\dfrac{-15}{18}=-\dfrac{15}{18}=-\dfrac{5}{6}$

3 ④　**解説**　$3(2a-3b)-2(-3a-2b)=6a-9b+6a+4b=12a-5b$

したがって，$12a-5b=12\times\dfrac{1}{2}-5\times4=6-20=-14$

4 ②　**解説**　$(5a^2b-3ab^2)\div ab=\dfrac{5a^2b-3ab^2}{ab}=5a-3b$

$5a-3b=5\times\dfrac{4}{5}-3\times\dfrac{1}{3}=4-1=3$

5 ③　**解説**　$-4x^2y^2\div2xy^2\times3x^2y=\dfrac{-4x^2y^2}{2xy^2}\times3x^2y=-2x\times3x^2y=-6x^3y$

$-6x^3y=-6\times(2\times2\times2)\times\dfrac{1}{4}=-6\times8\times\dfrac{1}{4}=-12$

1 頻出問題 次の計算をしなさい

① $(-3a) \times (-2a)$

② $-4a^2 \times 3a$

③ $\dfrac{1}{2}x^2y \times xy$

④ $\dfrac{5}{6}a \times (-3b^2)$

⑤ $(-8xy^2) \div 4xy$

⑥ $12a^2 \div (-6ab)$

⑦ $(-6x^2) \div 3x \times (-9x)$

⑧ $8a^2b \div (-a)^2 \times 2b$

2 頻出問題 次の計算をしなさい。

① $5x(-2x^2y - 3xy^2)$

② $(3x^2y - 7xy) \times (-4xy)$

③ $-6xy\left(\dfrac{2}{3}y^2 - \dfrac{3}{4}x^2\right)$

④ $(-4a^2 + 12b) \times \left(-\dfrac{1}{4}c\right)$

⑤ $(10ax - 14ay) \div 2a$

⑥ $(18a^3b^2 + 21ab^2) \div 3ab$

⑦ $(-12x^2y + 30x^3y) \div \dfrac{1}{2}x^2y$

⑧ $\left(\dfrac{2}{3}x^3y - \dfrac{1}{6}xy^2\right) \div \dfrac{1}{6}xy$

3 次の計算をしなさい。

① $(x+3)(x+4)$

② $(x-2)(x+6)$

③ $(2x-4)(3x+5)$

④ $(-4x+5)(6x-8)$

⑤ $(2a+b)(a+3b) - (a-3b)(2a-4b)$

⑥ $(x^2+3x-2)(4+x^2)$

ANSWER-4 ■式の加法・減法＆乗法・除法

1 ① $6a^2$ ② $-12a^3$ ③ $\frac{1}{2}x^3y^2$ ④ $-\frac{5}{2}ab^2$ ⑤ $-2y$ ⑥ $-\frac{2a}{b}$ ⑦ $18x^2$
⑧ $16b^2$

解説 ④ $\frac{5}{6}a \times (-3b^2) = \frac{5a \times (-\overset{1}{3}b^2)}{\underset{2}{6}} = -\frac{5ab^2}{2} = -\frac{5}{2}ab^2$

⑤ $(-8xy^2) \div 4xy = -\frac{\overset{2}{8}xy^{\overset{y}{}}}{\underset{1}{4}xy} = -2y$ ⑥ $12a^2 \div (-6ab) = -\frac{\overset{2}{12}a^2}{\underset{1}{6}ab} = -\frac{2a}{b}$

⑦ $(-6x^2) \div 3x \times (-9x) = \frac{\overset{2}{6}x^2 \times 9x}{\underset{1}{3}x} = 18x^2$ ⑧ $8a^2b \div (-a)^2 \times 2b =$

$8a^2b \div a^2 \times 2b = \frac{8\overset{}{a^2}b \times 2b}{a^{\overset{2}{}}} = 16b^2$

2 ① $-10x^3y - 15x^2y^2$ ② $-12x^3y^2 + 28x^2y^2$ ③ $-4xy^3 + \frac{9}{2}x^3y$ ④ $a^2c - 3bc$
⑤ $5x - 7y$ ⑥ $6a^2b + 7b$ ⑦ $-24 + 60x$ ⑧ $4x^2 - y$

解説 ④ $(-4a^2 + 12b) \times \left(-\frac{1}{4}c\right) = (-4a^2) \times \left(-\frac{1}{4}c\right) + 12b \times \left(-\frac{1}{4}c\right) = \frac{\overset{1}{4}a^2 \times c}{\underset{1}{4}}$

$-\frac{\overset{3}{12}b \times c}{\underset{1}{4}} = a^2c - 3bc$ ⑤ $(10ax - 14ay) \div 2a = \frac{10ax}{2a} - \frac{14ay}{2a} = 5x - 7y$

⑥ $(18a^3b^2 + 21ab^2) \div 3ab = \frac{\overset{6}{18}a^3b^{\overset{b}{}}}{\underset{1}{3}ab} + \frac{\overset{7}{21}ab^{\overset{b}{}}}{\underset{1}{3}ab} = 6a^2b + 7b$ ⑦ $(-12x^2y +$

$30x^3y) \div \frac{1}{2}x^2y = (-12x^2y + 30x^3y) \times \frac{2}{x^2y} = -\frac{12x^2y \times 2}{x^2y} + \frac{30x^3y \times 2}{x^2y} = -24$

$+60x$ ⑧ $\left(\frac{2}{3}x^3y - \frac{1}{6}xy^2\right) \div \frac{1}{6}xy = \left(\frac{2}{3}x^3y - \frac{1}{6}xy^2\right) \times \frac{6}{xy} = \frac{2x^3y \times \overset{2}{6}}{\underset{1}{3} \times xy} -$

$\frac{xy^{\overset{y}{}} \times \overset{1}{6}}{\underset{1}{6} \times xy} = 4x^2 - y$

3 ① $x^2 + 7x + 12$ ② $x^2 + 4x - 12$ ③ $6x^2 - 2x - 20$ ④ $-24x^2 + 62x - 40$
⑤ $17ab - 9b^2$ ⑥ $x^4 + 3x^3 + 2x^2 + 12x - 8$

解説 ① $(x+3)(x+4) = x^2 + 4x + 3x + 12 = x^2 + 7x + 12$ ② $(x-2)(x+6) = x^2 + 6x - 2x - 12 = x^2 + 4x - 12$ ③ $(2x-4)(3x+5) = 6x^2 + 10x - 12x - 20 = 6x^2 - 2x - 20$ ④ $(-4x+5)(6x-8) = -24x^2 + 32x + 30x - 40 = -24x^2 + 62x - 40$ ⑤ $(2a+b)(a+3b) - (a-3b)(2a-4b) = 2a^2 + 6ab + ab + 3b^2 - (2a^2 - 4ab - 6ab + 12b^2) = 2a^2 + 7ab + 3b^2 - (2a^2 - 10ab + 12b^2) = 2a^2 + 7ab + 3b^2 - 2a^2 + 10ab - 12b^2 = 17ab - 9b^2$ ⑥ $(x^2 + 3x - 2)(4 + x^2) = 4x^2 + 12x - 8 + x^4 + 3x^3 - 2x^2 = x^4 + 3x^3 + 2x^2 + 12x - 8$

数学

2. 乗法の公式＆因数分解

ここがポイント🔑

■乗法の公式とは？

「多項式と多項式の乗法」を思い出してみよう。

$$(2x - 4)(3x + 7) = 6x^2 + 14x - 12x - 28$$
$$= 6x^2 + 2x - 28$$

乗法の公式とは「多項式と多項式の乗法」の展開において，よく使うものを公式としたものである。

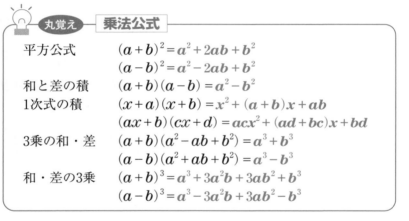

丸覚え **乗法公式**

平方公式	$(a + b)^2 = a^2 + 2ab + b^2$
	$(a - b)^2 = a^2 - 2ab + b^2$
和と差の積	$(a + b)(a - b) = a^2 - b^2$
1次式の積	$(x + a)(x + b) = x^2 + (a + b)x + ab$
	$(ax + b)(cx + d) = acx^2 + (ad + bc)x + bd$
3乗の和・差	$(a + b)(a^2 - ab + b^2) = a^3 + b^3$
	$(a - b)(a^2 + ab + b^2) = a^3 - b^3$
和・差の3乗	$(a + b)^3 = a^3 + 3a^2b + 3ab^2 + b^3$
	$(a - b)^3 = a^3 - 3a^2b + 3ab^2 - b^3$

たとえば， $(2a + 3b)^2$ の場合，平方公式を適用すれば，

$$(2a + 3b)^2 = (2a)^2 + 2 \times 2a \times 3b + (3b)^2$$
$$= 4a^2 + 12ab + 9b^2$$

しかし，平方公式を使わなくても，計算はできる。

$$(2a + 3b)(2a + 3b) = (2a \times 2a) + (2a \times 3b) + (3b \times 2a) + (3b \times 3b)$$
$$= 4a^2 + 6ab + 6ab + 9b^2$$
$$= 4a^2 + 12ab + 9b^2$$

つまり，乗法の公式を使えば，比較的容易に正解にたどりつくことができる，ということである。

■**素数・素因数分解**

素数……1より大きい整数で，1とその数以外に約数をもたない数のこと。

> **例** 　2，3，5，7，11，13 など

因数……整数をいくつかの数の積に分けたときの1つ1つを，もとの整数の因数という。

> **例** 　15＝3×5　3と5が15の因数である。

素因数……素数である因数のこと。

> **例** 　6＝2×3　この場合，2と3が素因数。

素因数分解……整数を素因数の積の形に表すこと。

> **例** 　30＝2×3×5
>
> 　　　　2，3，5はいずれも素因数である。

■**因数分解**

　1つの式をいくつかの因数の積の形に表すことを因数分解という。

$$a^2 - b^2 = \underbrace{(a+b)(a-b)}_{\text{因数}}$$

因数分解 → ／ 展開 ←

■**因数分解の方法**

> **KEY** 「共通因数をくくり出す方法」←第1の方法
> 「乗法公式を利用する方法」←第2の方法

$6x^2y + 9xy^2 = 3xy(2x+3y)$ 　　　◀共通因数をくくり出す

　　つまり，共通因数は$3xy$である。

$x^2 - 4x + 4 = (x-2)^2$ 　　　◀乗法公式を利用

$x^2 + 7x + 10 = (x+2)(x+5)$ 　　　◀乗法公式を利用

$2ax^2 - 2ax - 24a$

$= 2a(x^2 - x - 12)$ 　　　◀共通因数をくくり出す

$= 2a(x+3)(x-4)$ 　　　◀乗法公式を利用

1　次の式を展開しなさい。

① $(2a+4)^2$

② $(3y-5)^2$

③ $(3a+2b)^2$

④ $(4x-6y)^2$

⑤ $(x+5)(x-5)$

⑥ $(9x+2y)(9x-2y)$

⑦ $(4x+2)(4x-7)$

⑧ $(x+3)^2-(x+6)(x-1)$

2　$x=-3$, $y=5$ のとき, $(2x+5y)(2x-5y)-(x-4y)(x+6y)$ の値は次のうちどれか。

①30　　②32　　③34　　④36　　⑤38　　　　　（　　）

3　$x+y=-4$, $xy=3$ のとき, 次の各式の値を求めなさい。

① x^2+y^2

② $\dfrac{1}{x}+\dfrac{1}{y}$

4　次の式を因数分解しなさい。

① $ax-3bx+5cx$

② $3a^4-9a^3+15a^2$

③ $3x(2y-1)+5y(2y-1)$

④ $a(x-y)-x+y$

⑤ $x^2+8x+16$

⑥ $9x^2-12x+4$

⑦ $x^2+x+\dfrac{1}{4}$

⑧ $a^2-\dfrac{2}{3}ab+\dfrac{1}{9}b^2$

⑨ $49x^2-36y^2$

⑩ $-64+25a^2$

⑪$x^2 + 2x - 48$

⑫$6x^2 + 5xy - 6y^2$

⑬$x^2 - 12x + 11$

⑭$4x^2 - 3xy - 10y^2$

ANSWER　■乗法の公式＆因数分解

1 ①$4a^2 + 16a + 16$　②$9y^2 - 30y + 25$　③$9a^2 + 12ab + 4b^2$
④$16x^2 - 48xy + 36y^2$　⑤$x^2 - 25$　⑥$81x^2 - 4y^2$　⑦$16x^2 - 20x - 14$
⑧$x + 15$

解説　①　$(2a + 4)^2 = (2a)^2 + 2 \times 2a \times 4 + 4^2 = 4a^2 + 16a + 16$　②　$(3y - 5)^2 =$
$(3y)^2 - 2 \times 3y \times 5 + 5^2 = 9y^2 - 30y + 25$　③　$(3a + 2b)^2 = (3a)^2 + 2 \times 3a \times$
$2b + (2b)^2 = 9a^2 + 12ab + 4b^2$　④　$(4x - 6y)^2 = (4x)^2 - 2 \times 4x \times 6y + (6y)^2 =$
$16x^2 - 48xy + 36y^2$　⑥　$(9x + 2)(9x - 2) = (9x)^2 - (2y)^2 = 81x^2 - 4y^2$
⑦　$(4x + 2)(4x - 7) = (4x)^2 - 4x \times 7 + 2 \times 4x - 14 = 16x^2 - 28x + 8x - 14 =$
$16x^2 - 20x - 14$　⑧　$(x + 3)^2 - (x + 6)(x - 1) = x^2 + 6x + 9 - (x^2 + 5x - 6) =$
$x^2 + 6x + 9 - x^2 - 5x + 6 = x + 15$

2 ❷　**解説**　$(2x + 5y)(2x - 5y) - (x - 4y)(x + 6y) = 4x^2 - 25y^2 - (x^2 +$
$2xy - 24y^2) = 4x^2 - 25y^2 - x^2 - 2xy + 24y^2 = 3x^2 - 2xy - y^2$

これに $x = -3$，$y = 5$ を代入すると，$3x^2 - 2xy - y^2 = 3 \times (-3)^2 - 2 \times (-$
$3) \times 5 - 5^2 = 27 + 30 - 25 = 32$

3 ①$10$　②$-\dfrac{4}{3}$

解説　①$x^2 + y^2 = (x + y)^2 - 2xy = (-4)^2 - 2 \times 3 = 16 - 6 = 10$
②$\dfrac{1}{x} + \dfrac{1}{y} = \dfrac{y}{xy} + \dfrac{x}{xy} = \dfrac{x + y}{xy} = \dfrac{-4}{3} = -\dfrac{4}{3}$

4 ①$x(a - 3b + 5c)$　②$3a^2(a^2 - 3a + 5)$　③$(2y - 1)(3x + 5y)$
④$(x - y)(a - 1)$　⑤$(x + 4)^2$　⑥$(3x - 2)^2$　⑦$\left(x + \dfrac{1}{2}\right)^2$　⑧$\left(a - \dfrac{1}{3}b\right)^2$
⑨$(7x + 6y)(7x - 6y)$　⑩$(5a + 8)(5a - 8)$　⑪$(x + 8)(x - 6)$
⑫$(3x - 2y)(2x + 3y)$　⑬$(x - 11)(x - 1)$　⑭$(4x + 5y)(x - 2y)$

解説　③ここでは $(2y - 1)$ が共通因数である。　④$a(x - y) - x + y =$
$a(x - y) - (x - y) = (x - y)(a - 1)$　ここでは $(a - 1)$ が共通因数であ
る。⑩$-64 + 25a^2 = 25a^2 - 64 = (5a + 8)(5a - 8)$

数
学

3. 平方根

■平方根と根号

平方根……2乗するとaになる数をaの平方根という。

例 $\sqrt{2}^2 = \sqrt{2} \times \sqrt{2} = 2$

よって，2の平方根は$\sqrt{2}$ である。ただし，2の平方根は$\sqrt{2}$
のほかに，$-\sqrt{2}$ がある。なぜなら，
$(-\sqrt{2})^2 = (-\sqrt{2}) \times (-\sqrt{2}) = 2$

根　号……$\sqrt{2}, -\sqrt{2}, \sqrt{3}, -\sqrt{3}$などの $\sqrt{}$ のことを根号という。
なお，$\sqrt{a}$を，平方根a，またはルートaと読む。

複　号……$\sqrt{a}$と$-\sqrt{a}$をまとめて$\pm\sqrt{a}$と表す。そして，$\pm$を複合とい
い，プラスマイナスと読む。

例 9の平方根は，$\pm\sqrt{9} = \pm 3$
10の平方根は，$\pm\sqrt{10}$

■平方根の積と商

下に示すように，平方根の積や商は1つの数の平方根として表すこと
ができる。

KEY
$$積……\sqrt{a} \times \sqrt{b} = \sqrt{a}\,\sqrt{b} = \sqrt{ab}$$
$$商……\sqrt{a} \div \sqrt{b} = \frac{\sqrt{a}}{\sqrt{b}} = \sqrt{\frac{a}{b}}$$

$$\sqrt{3} \times \sqrt{5} = \sqrt{3 \times 5} = \sqrt{15}$$
$$\sqrt{2}\sqrt{7} = \sqrt{2 \times 7} = \sqrt{14}$$
$$\sqrt{12} \div \sqrt{2} = \frac{\sqrt{12}}{\sqrt{2}} = \sqrt{\frac{12}{2}} = \sqrt{6}$$
$$\sqrt{30} \div \sqrt{15} = \frac{\sqrt{30}}{\sqrt{15}} = \sqrt{\frac{30}{15}} = \sqrt{2}$$

■根号のついた数の変形

根号の中の数を簡単にする場合，$\sqrt{}$ の中の数を素因数分解して，平方因数を外に出すことができる。

$$\sqrt{k^2 a} = k\sqrt{a} \quad (k>0) \quad \boxed{◁重要}$$

例 $\sqrt{12} = \sqrt{4\times3} = \sqrt{2\times2\times3} = \sqrt{2^2\times3} = 2\sqrt{3}$

これとは反対に，$\sqrt{}$ の外の数を $\sqrt{}$ の中に入れることもできる。

$$k\sqrt{a} = \sqrt{k^2 a} \quad (k>0) \quad \boxed{◁これもよく使う}$$

例 $3\sqrt{2} = \sqrt{3^2\times2} = \sqrt{9\times2} = \sqrt{18}$

■平方根の和と差

同じ数の平方根の和や差は，下のように簡単にすることができる。

〈和〉の場合

$$m\sqrt{a} + n\sqrt{a} = (m+n)\sqrt{a}$$

例 $3\sqrt{2} + 4\sqrt{2} = (3+4)\sqrt{2} = 7\sqrt{2}$

〈差〉の場合

$$m\sqrt{a} - n\sqrt{a} = (m-n)\sqrt{a}$$

例 $5\sqrt{2} - 2\sqrt{2} = (5-2)\sqrt{2} = 3\sqrt{2}$

$3\sqrt{5} + 2\sqrt{5} + 5\sqrt{5} = (3+2+5)\sqrt{5} = 10\sqrt{5}$

$10\sqrt{3} - 7\sqrt{3} + 2\sqrt{3} = (10-7+2)\sqrt{3} = 5\sqrt{3}$

$7\sqrt{6} - \sqrt{6} = (7-1)\sqrt{6} = 6\sqrt{6}$

$\sqrt{8} + \sqrt{18} - \sqrt{2} = \sqrt{4\times2} + \sqrt{9\times2} - \sqrt{2} = \sqrt{2\times2\times2} + \sqrt{3\times3\times2} - \sqrt{2}$

$\qquad = \sqrt{2^2\times2} + \sqrt{3^2\times2} - \sqrt{2} = 2\sqrt{2} + 3\sqrt{2} - \sqrt{2}$

$\qquad = (2+3-1)\sqrt{2} = 4\sqrt{2}$

■分母の有理化

分母が根号（$\sqrt{}$）を含んだ数であるとき，下のように，変形して分母から根号を取り除くことを分母を有理化するという。

$$\frac{1}{\sqrt{a}} = \frac{1\times\sqrt{a}}{\sqrt{a}\times\sqrt{a}} = \frac{\sqrt{a}}{a} \quad \boxed{◁分母と同じ数をかける}$$

例 $\dfrac{3}{\sqrt{2}} = \dfrac{3\times\sqrt{2}}{\sqrt{2}\times\sqrt{2}} = \dfrac{3\sqrt{2}}{2}$

数学

1 次の計算をしなさい。

① $\sqrt{3} \times \sqrt{6}$

② $\sqrt{5} \times \sqrt{8}$

③ $2\sqrt{6} \times \sqrt{20}$

④ $\sqrt{24} \div \sqrt{3}$

⑤ $\sqrt{125} \div \sqrt{5}$

⑥ $\sqrt{90} \div \sqrt{5}$

2 次の式を計算しなさい。

① $3\sqrt{2} + 4\sqrt{2} - 5\sqrt{2}$

② $\sqrt{5} + 3\sqrt{7} - 3\sqrt{5} + 2\sqrt{7}$

③ $\sqrt{8} + \sqrt{3} + 2\sqrt{18}$

④ $\sqrt{75} - 2\sqrt{48} + 6\sqrt{12}$

⑤ $\sqrt{125} - 3\sqrt{5} + \sqrt{20}$

⑥ $3\sqrt{24} + \sqrt{6} + \sqrt{150}$

3 次の計算をしなさい。

① $\sqrt{3}(\sqrt{2} + \sqrt{5})$

② $2\sqrt{3}(\sqrt{18} - 2\sqrt{12})$

③ $(\sqrt{18} + \sqrt{6}) \div \sqrt{2}$

④ $(\sqrt{27} - 2\sqrt{15}) \div \sqrt{3}$

⑤ $(1 - \sqrt{3})^2$

⑥ $(\sqrt{5} + 2)(\sqrt{5} - 2)$

⑦ $(3 + 2\sqrt{3})(3 - 2\sqrt{3})$

⑧ $(2\sqrt{6} + 1)(3\sqrt{3} + \sqrt{2})$

4 次の計算をしなさい。

① $\dfrac{5}{\sqrt{2}} - \dfrac{2}{\sqrt{2}}$

② $\dfrac{\sqrt{18}}{3} + \dfrac{6}{\sqrt{3}}$

③ $\dfrac{5}{\sqrt{8}} - \dfrac{3\sqrt{6}}{\sqrt{2}}$

④ $\sqrt{\dfrac{7}{4}} + \sqrt{\dfrac{7}{64}} - \sqrt{7}$

ANSWER　■平方根

1 ①$3\sqrt{2}$　②$2\sqrt{10}$　③$4\sqrt{30}$　④$2\sqrt{2}$　⑤$5$　⑥$3\sqrt{2}$

解説　① $\sqrt{3}\times\sqrt{6}=\sqrt{18}=\sqrt{9\times2}=\sqrt{3^2\times2}=3\sqrt{2}$　② $\sqrt{5}\times\sqrt{8}=\sqrt{40}=\sqrt{4\times10}=\sqrt{2^2\times10}=2\sqrt{10}$　③ $2\sqrt{6}\times\sqrt{20}=2\sqrt{6}\times\sqrt{4\times5}=2\sqrt{6}\times2\sqrt{5}=(2\times2)\sqrt{6\times5}=4\sqrt{30}$　④ $\sqrt{24}\div\sqrt{3}=\sqrt{\dfrac{24}{3}}=\sqrt{8}=\sqrt{4\times2}=2\sqrt{2}$　⑤ $\sqrt{125}\div\sqrt{5}=\sqrt{\dfrac{125}{5}}=\sqrt{25}=5$　⑥ $\sqrt{90}\div\sqrt{5}=\sqrt{\dfrac{90}{5}}=\sqrt{18}=\sqrt{9\times2}=3\sqrt{2}$

2 ①$2\sqrt{2}$　②$5\sqrt{7}-2\sqrt{5}$　③$8\sqrt{2}+\sqrt{3}$　④$9\sqrt{3}$　⑤$4\sqrt{5}$　⑥$12\sqrt{6}$

解説　① $3\sqrt{2}+4\sqrt{2}-5\sqrt{2}=(3+4-5)\sqrt{2}=2\sqrt{2}$　② $\sqrt{5}+3\sqrt{7}-3\sqrt{5}+2\sqrt{7}=(1-3)\sqrt{5}+(3+2)\sqrt{7}=-2\sqrt{5}+5\sqrt{7}=5\sqrt{7}-2\sqrt{5}$　③ $\sqrt{8}+\sqrt{3}+2\sqrt{18}=\sqrt{4\times2}+\sqrt{3}+2\sqrt{9\times2}=2\sqrt{2}+\sqrt{3}+6\sqrt{2}=(2+6)\sqrt{2}+\sqrt{3}=8\sqrt{2}+\sqrt{3}$　④ $\sqrt{75}-2\sqrt{48}+6\sqrt{12}=\sqrt{25\times3}-2\sqrt{16\times3}+6\sqrt{4\times3}=5\sqrt{3}-8\sqrt{3}+12\sqrt{3}=(5-8+12)\sqrt{3}=9\sqrt{3}$　⑤ $\sqrt{125}-3\sqrt{5}+\sqrt{20}=\sqrt{25\times5}-3\sqrt{5}+\sqrt{4\times5}=5\sqrt{5}-3\sqrt{5}+2\sqrt{5}=(5-3+2)\sqrt{5}=4\sqrt{5}$　⑥ $3\sqrt{24}+\sqrt{6}+\sqrt{150}=3\sqrt{4\times6}+\sqrt{6}+\sqrt{25\times6}=6\sqrt{6}+\sqrt{6}+5\sqrt{6}=12\sqrt{6}$

3 ①$\sqrt{6}+\sqrt{15}$　②$6\sqrt{6}-24$　③$3+\sqrt{3}$　④$3-2\sqrt{5}$　⑤$4-2\sqrt{3}$　⑥$1$　⑦-3　⑧$19\sqrt{2}+7\sqrt{3}$

解説　② $2\sqrt{3}(\sqrt{18}-2\sqrt{12})=2\sqrt{3}(3\sqrt{2}-4\sqrt{3})=6\sqrt{6}-8\times3=6\sqrt{6}-24$　③ $(\sqrt{18}+\sqrt{6})\div\sqrt{2}=\sqrt{9}+\sqrt{3}=3+\sqrt{3}$　④ $(\sqrt{27}-2\sqrt{15})\div\sqrt{3}=(3\sqrt{3}-2\sqrt{15})\div\sqrt{3}=3-2\sqrt{5}$　⑤ $(1-\sqrt{3})^2=1-2\sqrt{3}+3=4-2\sqrt{3}$　⑥ $(\sqrt{5}+2)(\sqrt{5}-2)=(\sqrt{5})^2-2^2=5-4=1$　⑦ $(3+2\sqrt{3})(3-2\sqrt{3})=3^2-(2\sqrt{3})^2=9-12=-3$　⑧ $(2\sqrt{6}+1)(3\sqrt{3}+\sqrt{2})=6\sqrt{18}+2\sqrt{12}+3\sqrt{3}+\sqrt{2}=6\sqrt{9\times2}+2\sqrt{4\times3}+3\sqrt{3}+\sqrt{2}=18\sqrt{2}+4\sqrt{3}+3\sqrt{3}+\sqrt{2}=19\sqrt{2}+7\sqrt{3}$

4 ① $\dfrac{3\sqrt{2}}{2}$　② $\sqrt{2}+2\sqrt{3}$　③ $\dfrac{5\sqrt{2}}{4}-3\sqrt{3}$　④ $-\dfrac{3\sqrt{7}}{8}$

解説　① $\dfrac{5}{\sqrt{2}}-\dfrac{2}{\sqrt{2}}=\dfrac{5-2}{\sqrt{2}}=\dfrac{3}{\sqrt{2}}=\dfrac{3\times\sqrt{2}}{\sqrt{2}\times\sqrt{2}}=\dfrac{3\sqrt{2}}{2}$　② $\dfrac{\sqrt{18}}{3}+\dfrac{6}{\sqrt{3}}=\dfrac{\sqrt{9\times2}}{3}+\dfrac{6\times\sqrt{3}}{\sqrt{3}\times\sqrt{3}}=\dfrac{3\sqrt{2}}{3}+\dfrac{6\sqrt{2}}{3}=\dfrac{3\sqrt{2}+6\sqrt{3}}{3}=\sqrt{2}+2\sqrt{3}$　③ $\dfrac{5}{\sqrt{8}}-\dfrac{3\sqrt{6}}{\sqrt{2}}=\dfrac{5}{\sqrt{4\times2}}-\dfrac{3\sqrt{6}}{\sqrt{2}}=\dfrac{5}{2\sqrt{2}}-\dfrac{3\sqrt{6}}{\sqrt{2}}=\dfrac{5\times\sqrt{2}}{2\sqrt{2}\times\sqrt{2}}-\dfrac{3\sqrt{6}\times2\sqrt{2}}{\sqrt{2}\times2\sqrt{2}}=\dfrac{5\sqrt{2}}{4}-\dfrac{6\sqrt{12}}{4}=\dfrac{5\sqrt{2}-12\sqrt{3}}{4}=\dfrac{5\sqrt{2}}{4}-3\sqrt{3}$　④ $\sqrt{\dfrac{7}{4}}+\sqrt{\dfrac{7}{64}}-\sqrt{7}=\dfrac{\sqrt{7}\times\sqrt{4}}{\sqrt{4}\times\sqrt{4}}+\dfrac{\sqrt{7}}{\sqrt{64}}-\sqrt{7}=\dfrac{\sqrt{28}}{4}+\dfrac{\sqrt{7}}{8}-\sqrt{7}=\dfrac{2\sqrt{7}\times2}{4\times2}+\dfrac{\sqrt{7}}{8}-\dfrac{\sqrt{7}\times8}{8}=\dfrac{4\sqrt{7}+\sqrt{7}-8\sqrt{7}}{8}=-\dfrac{3\sqrt{7}}{8}$

数学

4. 1次方程式

■方程式とは？

$$3x + 2 = 14$$

これを解くと，$3x = 14 - 2$

$$3x = 12 \qquad x = 4$$

　つまり，xに4を入れると上の式は成り立つことになる。このように，式の中の文字（ここではx）に特別の数（ここでは4）を入れると成り立つ等式を方程式という。そして，方程式を成り立たせる変数（ここではx）の値を方程式の解（ここでは4）という。

　わかりやすくいえば，xやyなどの変数を含んでいる等式を方程式といい，それを成立させる変数の値を方程式の解という。

■等式の性質

　その式が方程式であるためには，その式が等式でなければならない。等式の性質は次のようなものである。

　　等式 $A = B$ が成り立つとき，

①両辺に同じ数を加えても，等式は成立する。

$$A = B \quad \rightarrow \quad A + C = B + C$$

②両辺から同じ数を引いても，等式は成立する。

$$A = B \quad \rightarrow \quad A - C = B - C$$

③両辺に同じ数をかけても，等式は成立する。

$$A = C \quad \rightarrow \quad A \times C = B \times C$$

④両辺を同じ数で割っても，等式は成立する。

$$A = C \quad \rightarrow \quad A \div C = B \div C$$

■移　項

$$x + 5 = 8$$

移項とは，たとえば左辺にある「5」を「右辺」に移動させることである。

この場合，等号（＝）をこえたとき，符号が変わる。つまり，プラスはマイナス，マイナスはプラスに変わる。

したがって，$x+5=8$，$x=8-5$，$x=3$となる。

■1次方程式の解き方

$2x-6=12$

$2x=12+6$　　$2x=18$

ここで，両辺をxの係数2で割ると，$x=9$

$5x-8=2x+10$　　　⬅文字（x）の項を左辺に，数の項を右辺に移項する

$5x-2x=10+8$

$3x=18$　　　⬅$ax=b$の形にする

$x=\dfrac{18}{3}=6$

$-\dfrac{3}{4}x=\dfrac{9}{2}$

両辺に分母の最小公倍数をかけて，分母をはらう

$-\dfrac{3}{4}x\times4=\dfrac{9}{2}\times4$　　$-3x=18$　　$x=\dfrac{18}{-3}=-6$

■1次方程式の応用

次のような1次方程式の応用問題も出題される。"求めるものをxとおく"習慣を身につけることがポイント。

例 題

A地点からB地点へ行くのに，時速20kmの自転車で行くと，時速4kmの速さで歩いて行くより3時間はやく着く。このとき，A地点からB地点までの距離は何kmか。

KEY　A地点からB地点までの距離を$x$kmとおく。

そうすると，$\dfrac{x}{20}=\dfrac{x}{4}-3$　　　⬅時間＝$\dfrac{距離}{速さ}$

$x=5x-60$

$4x=60$　　$x=\dfrac{60}{4}=15$（km）

数
学

1 頻出問題 方程式の解として正しいものは，次のうちどれか。

$$2x + 1 = \frac{2}{3}x + \frac{7}{3}$$

① -1　　② 1　　　③ -2

④ 2　　　⑤ -3　　　　　　　　　　　　　　　　（　　）

2 頻出問題 方程式の解として正しいものは，次のうちどれか。

$$8 - 2x = -3(x - 3) + 2(x - 2)$$

① 2　　　② 3　　　③ 4

④ -2　　⑤ -3　　　　　　　　　　　　　　　　（　　）

3 頻出問題 方程式の解として正しいものは，次のうちどれか。

$$\frac{7}{6}x + 6 = \frac{3}{4}x - 4$$

① 8　　　② 12　　　③ 24

④ -12　⑤ -24　　　　　　　　　　　　　　　　（　　）

4 頻出問題 方程式の解として正しいものは，次のうちどれか。

$$\frac{3x + 5}{4} = \frac{x + 1}{2} + 3$$

① 10　　② -10　③ 9

④ -9　　⑤ 8　　　　　　　　　　　　　　　　（　　）

5 頻出問題 方程式の解として正しいものは，次のうちどれか。

$$4x + 3(2x - 3) = 18x - 13$$

① $\frac{1}{2}$　　② $\frac{1}{3}$　　③ $\frac{1}{4}$

④ $\frac{2}{3}$　　⑤ $\frac{3}{4}$　　　　　　　　　　　　　　　　（　　）

6 頻出問題 5%の食塩水に8%の食塩水100gを混ぜたら，6%の食塩水ができた。初めに，5%の食塩水は何g入っていたか。

①140g　②150g　③160g

②180g　⑤200g　　　　　　　　　　　　　　　　　（　　）

7 頻出問題 兄の所持金と弟の所持金の割合は7：3であったが，兄が弟に2,000円渡したところ，2人の所持金は同じになった。兄の初めの所持金はいくらか。

①5,000円　②6,000円　③7,000円　④8,000円　⑤9,000円

ヒント! 兄の初めの所持金を$7x$（円）とする。　　　　　　　　　（　　）

ANSWER ■1次方程式

1 ② 解説 両辺に3をかけると，$6x+3=2x+7$
$6x-2x=7-3,\ 4x=4$　　$x=1$

2 ② 解説 $8-2x=-3x+9+2x-4$　これを整理すると，
$-2x+3x-2x=9-4-8,\ -x=-3$　　$x=3$

3 ⑤ 解説 両辺に12をかけると，$14x+72=9x-48$
$5x=-120$　　$x=-24$

4 ③ 解説 両辺に4をかけると，$3x+5=2(x+1)+12$
$3x+5=2x+2+12,\ 3x-2x=2+12-5$　　$x=9$

5 ① 解説 $4x+6x-9=18x-13,\ 4x+6x-18x=-13+9,\ -8x=-4$
$x=\dfrac{-4}{-8}=\dfrac{1}{2}$

6 ⑤ 解説 5%の食塩水がxg入っていたとすると，題意より次式が成立する。$x\times\dfrac{5}{100}+100\times\dfrac{8}{100}=(x+100)\times\dfrac{6}{100}$
両辺に100をかけると，$5x+800=6(x+100)$
$5x+800=6x+600$　　$x=200$

7 ③ 解説 兄の初めの所持金を$7x$（円）とすると，弟の初めの所持金は$3x$（円）となる。よって，題意より次式が成立する。
$7x-2,000=3x+2,000,\ 4x=4,000$　　$x=1,000$
したがって，求めるものは　$7x=7\times1,000=7,000$（円）

5. 連立方程式

ここがポイント🔑

KEY

■連立方程式の解き方

$$\begin{cases} x+y=3 \\ 3x-y=1 \end{cases}$$

xとyという2つの文字があるので，どちらかの文字を消し，文字が1つの方程式をつくることがポイント。

$x+y=3$より，　　　$y=3-x$……①

①を$3x-y=1$に，代入すると，

$3x-(3-x)=1$　　◀代入法という

これにより，yを含まないxだけの式をつくることができた。

$3x-3+x=1$

$4x=4$　　　$x=1$

$x=1$を①に代入すると，$y=3-1$　　　$y=2$

以上より，$x=1$，$y=2$となる。

どちらかの文字を消す方法として，代入法のほかに加減法がある。

$$\begin{array}{r} x+y=3 \\ +)\ 3x-y=1 \end{array}$$

◀加減法という

$x+3x=4x$▶ $4x\ \ \ =4$　◀$3+1=4$

⬆$y+(-y)=0$

$4x=4$より，$x=1$

$x=1$を$x+y=3$に代入すると，

$1+y=3$　　　$y=2$

以上より，$x=1$，$y=2$となる。

136

■係数の絶対値をそろえる

$$\begin{cases} 3x+2y=5 \\ 2x-5y=16 \end{cases}$$

この場合，どちらかの文字を消すには，xかyの係数をそろえなければならない。

$$\begin{cases} 3x\times2+2y\times2=5\times2 \\ 2x\times3-5y\times3=16\times3 \end{cases}$$

◁6xにして，xを消す

$$\begin{array}{r} 6x+\ 4y=10 \\ -)\ 6x-15y=48 \\ \hline 19y=-38 \qquad y=-2 \end{array}$$

$y=-2$を$3x+2y=5$に代入すると，

$3x+2\times(-2)=5$

$3x-4=5,\ \ 3x=9 \qquad x=3$

■連立方程式の応用

与えられた連立方程式を解く問題のほかに，文章を読み，自分で連立方程式を立て，それを解く問題も出題される。

例題

A君は，1冊100円のノートと，150円のノートをあわせて8冊買って，代金950円を払った。1冊100円のノートを何冊買ったか。

KEY

わからないものは文字で表してみる。
1冊100円のノートをx冊，1冊150円のノートをy冊，買ったとする。

すると，$\begin{cases} x+y=8 \quad \cdots\cdots① \\ 100x+150y=950 \quad \cdots\cdots② \end{cases}$

①より，$x=8-y \quad \cdots\cdots①'$

①'を②に代入すると，$100(8-y)+150y=950$

$\qquad\qquad\qquad 800-100y+150y=950$

$\qquad\qquad\qquad 50y=150 \qquad y=3$

$y=3$を，①に代入すると，$x+3=8 \qquad x=5$

つまり，1冊100円のノートは5冊買ったことになる。

1 連立方程式の解として正しいものは，次のうちどれか。

$$\begin{cases} x + 2y = 5 \\ x + 3y = 9 \end{cases}$$

① $x = 3$, $y = 4$ 　　　② $x = 3$, $y = -4$

③ $x = -3$, $y = 4$ 　　④ $x = -3$, $y = -4$

⑤ $x = 4$, $y = 3$ 　　　　　　　　　　　　（　　）

2 頻出問題 連立方程式の解として正しいものは，次のうちどれか。

$$\begin{cases} 5x + 3y = 1 \\ 2x - 4y = 16 \end{cases}$$

① $x = 2$, $y = 3$ 　　　② $x = 2$, $y = -3$

③ $x = 3$, $y = 2$ 　　　④ $x = 3$, $y = -2$

⑤ $x = -3$, $y = 2$ 　　　　　　　　　　　（　　）

3 頻出問題 連立方程式の解として正しいものは，次のうちどれか。

$$\begin{cases} \dfrac{3 + 4x}{3} + 2y = 2 \\ x - 2 = \dfrac{-2y + 1}{4} \end{cases}$$

① $x = 2$, $y = -3$ 　　　② $x = 2$, $y = 3$

③ $x = 3$, $y = \dfrac{2}{3}$ 　　　④ $x = 3$, $y = -\dfrac{3}{2}$

⑤ $x = 3$, $y = -3$ 　　　　　　　　　　　（　　）

4 頻出問題 次の連立方程式の解が $x = -1$, $y = -2$ であるとき，a, b の値はいくらか。

$$\begin{cases} 2x + y = a \\ 3x - y = a - b \end{cases}$$

① $a = 4$, $b = 3$ 　　　② $a = 3$, $b = 4$

③ $a = -4$, $b = 3$ 　　④ $a = -4$, $b = -3$

⑤ $a = -3$, $b = 4$ 　　　　　　　　　　　（　　）

ANSWER-1 ■連立方程式

1 ③　解説
$$x + 2y = 5 \quad \cdots\cdots ①$$
$$-)\ x + 3y = 9 \quad \cdots\cdots ②$$
$$-y = -4 \qquad y = 4 \quad \cdots\cdots ③$$
③を①に代入すると，$x + 2 \times 4 = 5$，$x + 8 = 5$　$x = -3$

2 ②　解説
$$\begin{cases} 5x + 3y = 1 & \cdots\cdots ① \\ 2x - 4y = 16 & \cdots\cdots ② \end{cases}$$
①×2−②×5
$$10x + 6y = 2$$
$$-)\ 10x - 20y = 80$$
$$26y = -78 \qquad y = -3 \quad \cdots\cdots ③$$
③を①に代入すると，$5x + 3 \times (-3) = 1$
$$5x - 9 = 1 \qquad x = 2$$

3 ④　解説
$$\begin{cases} \dfrac{3 + 4x}{3} + 2y = 2 & \cdots\cdots ① \\ x - 2 = \dfrac{-2y + 1}{4} & \cdots\cdots ② \end{cases}$$
①×3　$3 + 4x + 2y \times 3 = 2 \times 3$，　$4x + 6y = 3$　$\cdots\cdots ③$
②×4　$4x - 8 = -2y + 1$，　　　$4x + 2y = 9$　$\cdots\cdots ④$
③−④
$$4x + 6y = 3$$
$$-)\ 4x + 2y = 9$$
$$4y = -6 \qquad y = -\frac{3}{2} \quad \cdots\cdots ⑤$$
⑤を③に代入すると，$4x + 6 \times \left(-\dfrac{3}{2}\right) = 3$，$4x = 12$　　$x = 3$

4 ④　解説
$$\begin{cases} 2x + y = a & \cdots\cdots ① \\ 3x - y = a - b & \cdots\cdots ② \end{cases}$$
$x = -1$，$y = -2$を①と②に代入すると，
$$\begin{cases} 2 \times (-1) - 2 = a & \cdots\cdots ①' \\ 3 \times (-1) + 2 = a - b & \cdots\cdots ②' \end{cases}$$
①'より，$-2 - 2 = a$　　$a = -4$
$a = -4$を②'に代入すると，
$$-3 + 2 = -4 - b \qquad b = -4 + 3 - 2 \qquad b = -3$$

数学

1 次の連立方程式 $\begin{cases} x-y=-7 \\ ax+2y=-2 \end{cases}$ を解くと，xの値とyの値の和が
-1となった。このとき，aの値はいくらか。

①$a=1$ ②$a=2$

③$a=3$ ④$a=-1$

⑤$a=-2$ （ ）

2 頻出問題 ある美術館の入館料は，大人が300円，小人が100円である。
ある日の入館人数は320人で，入館料の総額は74,000円であった。大人
と小人の入館人数はそれぞれ何人か。

大人	小人		大人	小人
①190人	130人		②200人	120人
③210人	110人		④220人	100人
⑤230人	90人			

ヒント！ 大人がx人，小人がy人，入館したと考える。 （ ）

3 頻出問題 兄弟2人で6,000円の品物を買うために，兄は所持金の$\frac{1}{2}$を，
弟は所持金の$\frac{2}{5}$を出し合った。残りの金額を比べたら，兄の方が500円
多かった。兄の初めの所持金はいくらか。

①7,600円 ②7,800円

③8,000円 ④8,200円

⑤8,400円 （ ）

4 頻出問題 濃度が13%の食塩水と7%の食塩水を混ぜて，濃度が9%の
食塩水450gをつくりたい。濃度が7%の食塩水を何g入れたらよいか。

①220g ②240g

③260g ④280g

⑤300g （ ）

ANSWER-2 ■連立方程式

1 ② [解説] 「xの値とyの値の和が-1になった」より，$x+y=-1$が成立
する。$x+y=-1$より，$x=-y-1$……① ①を$x-y=-7$に代入する
と，$-y-1-y=-7$，$-2y=-6$　$y=3$……②

②を①に代入すると，$x=-3-1=-4$　　　$x=-4$……③

②と③を$ax+2y=-2$に代入すると，$a\times(-4)+2\times3=-2$，
$-4a=-2-6$，$-4a=-8$　　　$a=2$

2 ③ [解説] 大人がx人，小人がy人，入館したとすると，題意より，次式
が成立する。
$$\begin{cases} x+y=320 & \cdots\cdots① \\ 300x+100y=74{,}000 & \cdots\cdots② \end{cases}$$

①より，$y=320-x$　……①′　①′を②に代入すると，

$300x+100(320-x)=74{,}000$，$300x+32{,}000-100x=74{,}000$

$200x=42{,}000$　　$x=210$……③

③を①に代入すると，$210+y=320$　　　　$y=110$

3 ① [解説] 兄の初めの所持金をx円，弟の初めの所持金をy円とすると，
題意より，次式が成立する。

$\dfrac{1}{2}x+\dfrac{2}{5}y=6{,}000$ ……① 　$\dfrac{1}{2}x-\dfrac{3}{5}y=500$ ……②

①×10　$5x+4y=60{,}000$……①′　②×10　$5x-6y=5{,}000$

①′-②′ より　　$\begin{array}{r} 5x+4y=60{,}000 \\ -)\ 5x-6y=5{,}000 \\ \hline 10y=55{,}000 \end{array}$　$y=5{,}500$……③

③を①′に代入すると，$5x+4\times5{,}500=60{,}000$，$5x+22{,}000=60{,}000$

$5x=38{,}000$　　　$x=7{,}600$

4 ⑤ [解説] 濃度13%の食塩水をxg，濃度7%の食塩水をygを混ぜたとする
と，題意より次式が成立する。
$$\begin{cases} x+y=450 & \cdots\cdots① \\ x\times\dfrac{13}{100}+y\times\dfrac{7}{100}=450\times\dfrac{9}{100} & \cdots\cdots② \end{cases}$$

②×100より，$13x+7y=4{,}050$　……②′

①より，$x=450-y$　……①′

①′を②′に代入すると，$13(450-y)+7y=4{,}050$……②′

$5{,}850-13y+7y=4{,}050$，$6y=1800$　　　$y=300$

6. 2次方程式

ここがポイント1

■2次方程式とは？

2次方程式の一般の形は，

$$ax^2 + bx + c = 0 \quad （a，b，cは定数，a \neq 0）$$

つまり，$ax^2 = 0$，$ax^2 + bx = 0$
$ax^2 + c = 0$，$ax^2 + bx + c = 0$ $\left.\right\}$ の形になるものを

xについての2次方程式という。

例　　$2x^2 = 0$，$4x^2 + 2x = 0$
　　　　$3x^2 - 9 = 0$，$2x^2 - 5x + 2 = 0$

また，これらの方程式を成り立たせる変数（ここではx）の値を方程式の解という。

■2次方程式の解の公式

2次方程式の解き方は2通りある。1つは解の公式を使うことであり，もう1つは因数分解を利用することである。

2次方程式　$ax^2 + bx + c = 0$（$a \neq 0$）の解は，

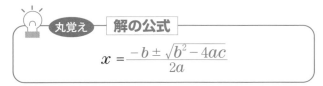

丸覚え　**解の公式**

$$x = \frac{-b \pm \sqrt{b^2 - 4ac}}{2a}$$

①$2x^2 - 7x + 3 = 0$を解の公式を使って解くと，次のようになる。

$ax^2 + bx + c$にあてはめると，$a = 2$，$b = -7$，$c = 3$　であるので，

$$x = \frac{-(-7) \pm \sqrt{(-7)^2 - 4 \times 2 \times 3}}{2 \times 2} = \frac{7 \pm \sqrt{49 - 24}}{4} = \frac{7 \pm \sqrt{25}}{4}$$

$$= \frac{7 \pm 5}{4} \qquad したがって，x = \frac{7 + 5}{4} = 3，x = \frac{7 - 5}{4} = \frac{1}{2}$$

以上より，$x = 3, \dfrac{1}{2}$ となる。

②$3x^2 + 5x + 1 = 0$を解くと，次のようになる。

$$x = \frac{-5 \pm \sqrt{5^2 - 4 \times 3 \times 1}}{2 \times 3} = \frac{-5 \pm \sqrt{13}}{6} \qquad x = \frac{-5 \pm \sqrt{13}}{6}$$

■因数分解を使う解き方

①$x^2 + 4x + 3 = 0$を因数分解を使って解くと，

$(x + 3)(x + 1) = 0$

ゆえに，　$x + 3 = 0$　より，　$x = -3$

　　　　　$x + 1 = 0$　より，　$x = -1$　　　$x = -3, \ -1$

②$3x^2 + 2x - 8 = 0$を解くと，次のようになる。

$(3x - 4)(x + 2) = 0$

ゆえに，　$3x - 4 = 0$　より，　$x = \dfrac{4}{3}$

　　　　　$x + 2 = 0$　より，　$x = -2$　　　$x = \dfrac{4}{3}, \ -2$

■2次方程式の応用

48個のリンゴを何人かの子どもに等分する。このとき，1人分のリンゴの個数は，人数より2だけ大きい数になった。子どもの人数は何人か。

 問題で求められているものは何かをつかみ，
何を x で表すかを決める。

子どもの人数を x（人）とする。1人分のリンゴの個数は人数より2だけ大きい数なので，1人分のリンゴの個数は$(x + 2)$と表すことができる。したがって，次式が成立する。

$x(x + 2) = 48$

$x^2 + 2x - 48 = 0$

$(x + 8)(x - 6) = 0$

　　　　$x = -8, \ x = 6$

しかし，$x > 0$ なので，$x = 6$　　　6人

1 頻出問題 方程式の解として正しいものは，次のうちどれか。

$$x(x-3)=5(x-3)$$

① $x=0,\ 3$　　　② $x=0,\ 5$　　　③ $x=3,\ 5$

④ $x=0,\ -3$　　⑤ $x=3,\ -5$　　　　　　　　　（　　）

2 頻出問題 方程式の解として正しいものは，次のうちどれか。

$$y^2+\frac{7}{3}y+\frac{2}{3}=0$$

① $y=2,\ 3$　　　　　② $y=-2,\ -3$　　　③ $y=2,\ -\frac{1}{3}$

④ $y=-2,\ -\frac{1}{3}$　　　⑤ $y=-2,\ 3$　　　　　（　　）

3 頻出問題 方程式の解として正しいものは，次のうちどれか。

$$(x+2)(x-3)=2(x^2-4)$$

① $x=1,\ 2$　　　② $x=1,\ -2$　　　③ $x=1,\ 3$

④ $x=2,\ 3$　　　⑤ $x=-1,\ -2$　　　　　　　　（　　）

4 方程式の解として正しいものは，次のうちどれか。

$$(x+5)^2-2(x+5)-8=0$$

① $x=-1,\ 7$　　　② $x=-1,\ -7$　　　③ $x=1,\ -3$

④ $x=3,\ 6$　　　⑤ $x=3,\ -6$　　　　　　　　　（　　）

ヒント！ $x+5=A$ とおいてみる。

5 次の方程式の x の値が -3 のとき，A の値として正しいものはどれか。

$$3x^2+2Ax-19+A^2=0$$

① $A=2,\ 3$　　　② $A=3,\ 4$　　　　③ $A=4,\ -2$

④ $A=2,\ 4$　　　⑤ $A=3,\ -3$　　　　　　　　（　　）

6 2次方程式 $x^2+ax+b=0$ の2つの解が -2，-5 であるとき，a，b の値の組み合わせとして正しいものはどれか。

① $a=3,\ b=6$　　　② $a=8,\ b=4$　　　③ $a=4,\ b=8$

④ $a=10,\ b=7$　　⑤ $a=7,\ b=10$　　　　　　（　　）

7 方程式の解として正しいものは，次のうちどれか。

$$3(2x+3)(2x-1) = -(2x-3)^2+4$$

① $x = \pm\dfrac{1}{2}$ ② $x = \pm\dfrac{\sqrt{2}}{2}$ ③ $x = \pm\dfrac{1}{3}$ ④ $x = \pm\dfrac{\sqrt{3}}{3}$ ⑤ $x = \pm\dfrac{1}{4}$

( )

ANSWER-1 ■2次方程式

1 ③ **解説** $x(x-3) = 5(x-3)$ ， $x^2-3x = 5x-15$, $x^2-8x+15 = 0$,
$(x-5)(x-3) = 0$ $x = 5$, 3

2 ④ **解説** 両辺に3をかけると， $3y^2+7y+2 = 0$
$(3y+1)(y+2) = 0$より， $y = -\dfrac{1}{3}$ ， -2

3 ② **解説** $(x+2)(x-3) = 2(x^2-4)$ ， $x^2-3x+2x-6 = 2x^2-8$,
$-x^2-x+2 = 0$ 両辺に -1 をかけると， $x^2+x-2 = 0$,
$(x+2)(x-1) = 0$ $x = -2$, 1

4 ② **解説** これまでの方法で解くこともできるが，ここでは， $x+5 = A$ と
おいてみる。すると， $A^2-2A-8 = 0$, $(A+2)(A-4) = 0$ $A = -2$, 4
したがって， $x+5 = -2$ より， $x = -7$
$x+5 = 4$ より， $x = -1$ 以上より， $x = -7$, -1

5 ④ **解説** $3x^2+2Ax-19+A^2 = 0$に， $x = -3$ を代入する。
$3\times(-3)^2+2A\times(-3)-19+A^2 = 0$, $27-6A-19+A^2 = 0$
$A^2-6A+8 = 0$, $(A-2)(A-4) = 0$ したがって， $A = 2$, 4

6 ⑤ **解説** $x^2+ax+b = 0$ ……① ①に $x = -2$ を代入すると，
$(-2)^2+a\times(-2)+b = 0$, $4-2a+b = 0$ ……② ①に $x = -5$ を代入す
ると， $(-5)^2+a\times(-5)+b = 0$, $25-5a+b = 0$ ……③
②－③より， $-21+3a = 0$ $a = 7$
$a = 7$ を②に代入すると， $4-2\times7+b = 0$, $4-14+b = 0$ $b = 10$

7 ① **解説** $3(2x+3)(2x-1) = -(2x-3)^2+4$, $3(4x^2-2x+6x-3) =$
$-(4x^2-12x+9)+4$, $12x^2+12x-9 = -4x^2+12x-5$, $16x^2 = 4$
$x^2 = \dfrac{4}{16} = \dfrac{1}{4}$ $x = \pm\sqrt{\dfrac{1}{4}} = \pm\dfrac{1}{2}$

1　方程式の解として正しいものは，次のうちどれか。

$$\frac{x^2-2}{3} - \frac{x^2-1}{2} = -2x$$

①$x = 3 \pm \sqrt{17}$　　②$x = -3 \pm \sqrt{17}$　　③$x = 6 \pm \sqrt{35}$

④$x = 8 \pm \sqrt{21}$　　⑤$x = -8 \pm \sqrt{21}$　　　　　　　（　　）

2　底辺の長さが高さの2倍である三角形がある。この面積が36cm²であるとき，底辺の長さはいくらか。

① 6cm　　② 8cm　　③ 10cm

④ 12cm　　⑤ 14cm　　　　　　　　　　　　　　　　（　　）

3　正方形と長方形がある。長方形の縦は正方形の1辺より5cm長く，横は6cm短い。また，長方形の面積は42cm²である。このとき，正方形の1辺の長さはいくらか。

① 5cm　　② 6cm　　③ 7cm

④ 8cm　　⑤ 9cm　　　　　　　　　　　　　　　　（　　）

4　大小2つの正の整数がある。2つの数の差は5で，積は24である。このとき，小さい方の数はいくつか。

① 3　　② 4　　③ 5

④ 6　　⑤ 7　　　　　　　　　　　　　　　　　　（　　）

5　20km離れた2点間を往復するのに，行きは予定の速さより1km/h速く，帰りは予定の速さより1km/h遅い速さで往復して，3時間40分かかった。このとき，予定の速さはいくらか。

①11km/h　　②12km/h　　③13km/h

④14km/h　　⑤15km/h

ヒント!　　時間 = $\dfrac{距離}{速さ}$　　　　　　　　　　　　（　　）

■1 ❸ **解説** 両辺に6をかけると, $2(x^2-2)-3(x^2-1)=-2x\times6$, $2x^2-4-3x^2+3=-12x$, $-x^2+12x-1=0$　　両辺に-1をかけると, $x^2-12x+1=0$　　解の公式より,

$$x=\frac{12\pm\sqrt{(-12)^2-4\times1\times1}}{2\times1}=\frac{12\pm\sqrt{144-4}}{2}=\frac{12\pm\sqrt{140}}{2}=\frac{12\pm2\sqrt{35}}{2}$$
$$=6\pm\sqrt{35}$$

■2 ❹ **解説** 三角形の高さをx (cm)とすると, 底辺の長さは$2x$となる。すると, 題意より次式が成立する。

$2x\times x\times\frac{1}{2}=36$, $x^2=36$, $x=\pm6$

$x>0$であるので, $x=6$　　底辺の長さ$=2\times6=12$ (cm)

■3 ❺ **解説** 正方形の1辺の長さをx (cm)とすると, 題意より, 次式が成立する。$(x+5)(x-6)=42$, $x^2-6x+5x-30=42$, $x^2-x-72=0$, $(x+8)(x-9)=0$　　$x=-8$, 9

しかし, $x>0$であるので, $x=9$

■4 ❶ **解説** 2つの数のうち, 大きい方の数をa, 小さい方の数をbとすると, 題意より次式が成立する。$a-b=5$ ……① $a\times b=24$ ……②

①より, $a=b+5$ ……①′　　①′を②に代入すると,

$(b+5)b=24$, $b^2+5b-24=0$, $(b-3)(b+8)=0$　$b=3$, -8

しかし, $b>0$であるので, $b=3$

大きい方の数aは, $b=3$を①′に代入すると, $a=3+5=8$, $a=8$

■5 ❶ **解説** 時間$=\dfrac{距離}{速さ}$　　2点間の距離は20kmである。また, 行きの速さは予定の速さより1km/h速いので, 予定の速さを$x$km/hとすると, 行きの速さは$(x+1)$と表すことができる。一方, 帰りの速さは予定の速さより1km/h遅いので, 帰りの速さは$(x-1)$と表すことができる。

$\dfrac{20}{x+1}+\dfrac{20}{x-1}=3\dfrac{40}{60}$, $\dfrac{20}{x+1}+\dfrac{20}{x-1}=\dfrac{11}{3}$

$60(x-1)+60(x+1)=11(x+1)(x-1)$

$60x-60+60x+60=11x^2-11$, $11x^2-120x-11=0$

$(11x+1)(x-11)=0$　　$x>0$であるので, $x=11$

7. 1次不等式・2次不等式

ここがポイント！

■不等式とは？

不等式とは，数などの大小を不等号を用いて表した式のこと。$x>3$ は，xは3より大きいことを示しているので，xに該当するのは4，5，6，7などである。

なお，$x≧3$の場合，xは3以上であることを示している。したがって，この場合，xは3を含むことになる。

■不等式の性質

$A>B$であるとき，$A+C>B+C$，$A-C>B-C$は成立する。

5>2のとき，$5+3>2+3$，$5-3>2-3$は成立する。

$A>B$，$C>0$であるとき，$AC>BC$，$\dfrac{A}{C}>\dfrac{B}{C}$は成立する。

$A>B$，$C<0$であるとき，$AC<BC$，$\dfrac{A}{C}<\dfrac{B}{C}$は成立する。

■1次不等式の解き方

①移項……方程式と同じように，不等式も次のように移項できる。

$$8x-\ \ 2>6x+4$$
$$8x-6x>4+2$$
$$2x>6$$
$$x>\dfrac{6}{2}$$
$$x>3$$

◀不等号をこえたとき，$\begin{smallmatrix}⊕\\⊖\end{smallmatrix}\rightarrow\begin{smallmatrix}⊖\\⊕\end{smallmatrix}$ になる

②**不等号の向きが変わる**……xの係数がマイナスで，最後にxの係数で割ったとき，不等号の向きが変わる。

$$4x+6>7x+18$$
$$4x-7x>18-6$$
$$-3x>12$$
$$x<-4$$

◀不等号の向きが変わる

KEY $a>0$ のとき, $ax>b→x>\dfrac{b}{a}$, $ax<b→x<\dfrac{b}{a}$

$a<0$ のとき, $ax>b→x<\dfrac{b}{a}$, $ax<b→x>\dfrac{b}{a}$

数学

■2次不等式の解き方

$ax^2+bx+c>0$ または $ax^2+bx+c<0$ (a, b, cは実数, $a \neq 0$) で, $D=b^2-4ac>0$ のとき,

 確 認 ── **解の公式**

$$x=\dfrac{-b \pm \sqrt{b^2-4ac}}{2a}$$ ◁この部分のこと

$ax^2+bx+c=0$ は, 2つの異なる実数解 α, β をもち, $ax^2+bx+c=a(x-\alpha)(x-\beta)$ となる。

したがって, 上の2つの不等式は次のいずれかに変形できる。

$(x-\alpha)(x-\beta)>0$, $(x-\alpha)(x-\beta)<0$

なお, $\alpha>\beta$ のとき

KEY $(x-\alpha)(x-\beta)>0$ の解は, $x>\alpha$, $x<\beta$

$(x-\alpha)(x-\beta)<0$ の解は, $\beta<x<\alpha$

$x^2-5x+4>0$ を解く場合,

$x^2-5x+4=0$ と考える。 ▣ Point

これを因数分解すると,

$(x-1)(x-4)=0$ したがって

$x^2-5x+4>0 → (x-1)(x-4)>0$

$(x-\alpha)(x-\beta)>0$ の解は, $x>\alpha$, $x<\beta$ より, ▣丸覚え

$(x-1)(x-4)>0$ は, $x>4$, $x<1$

$x^2-5x+4<0$ を解く場合, これも上と同様に考えると,

$x^2-5x+4<0 → (x-1)(x-4)<0$

$(x-\alpha)(x-\beta)<0$ の解は, $\beta<x<\alpha$ より, ▣丸覚え

$(x-1)(x-4)<0$ は, $1<x<4$

1　次の1次不等式を解きなさい。
① $x+1<5$
② $3x-6>9$
③ $-2x+5>7$
④ $4x+5<-x+15$
⑤ $6+4x\leqq-2$
⑥ $3x\geqq7x-16$

2　次の1次不等式を解きなさい。
① $\dfrac{1}{3}x>12$
② $-\dfrac{1}{4}x<7$
③ $\dfrac{x}{6}<\dfrac{1}{2}+\dfrac{x}{2}$
④ $\dfrac{x}{3}-\dfrac{1}{2}<\dfrac{x}{4}+\dfrac{1}{3}$

3　次の1次不等式を解きなさい。
① $2(x-3)>3(2x-1)$
② $7(x-2)<-2(3x+1)$
③ $3x+8\geqq2(5x+7)+4$
④ $2(x-3)<5(x-2)+6$
⑤ $\dfrac{x-1}{2}>\dfrac{x+3}{3}$
⑥ $\dfrac{x-5}{7}<\dfrac{x}{3}-2$

4　次の連立不等式を解きなさい。
① $\begin{cases} 4x-2<2x \\ 6-2x\geqq-3x \end{cases}$
② $\begin{cases} 5-3x\leqq12 \\ -2x+4>-5 \end{cases}$

ANSWER-1　1次不等式・2次不等式

1 ①$x<4$　②$x>5$　③$x<-1$　④$x<2$　⑤$x\leqq-2$　⑥$x\leqq4$

解説　①$x<5-1$，$x<4$　②$3x>9+6$，$3x>15$，$x>5$

③$-2x>7-5$，$-2x>2$，$x<-1$（不等号の向きが変わる）

④$4x+x<15-5$，$5x<10$，$x<2$　⑤$4x\leqq-2-6$，$4x\leqq-8$，$x\leqq-2$

⑥$3x-7x\geqq-16$，$-4x\geqq-16$，$x\leqq4$

2 ①$x>36$　②$x>-28$　③$x>-\dfrac{3}{2}$　④$x<10$

解説　①$\dfrac{1}{3}x\times3>12\times3$，$x>36$　②$-\dfrac{1}{4}x\times4<7\times4$，$-x<28$，$x>-28$

③$\dfrac{1}{6}x-\dfrac{1}{2}x<\dfrac{1}{2}$，$-\dfrac{2}{6}x<\dfrac{1}{2}$，$-\dfrac{2}{6}x\times6<\dfrac{1}{2}\times6$，$-2x<3$，$x>-\dfrac{3}{2}$

④$\dfrac{1}{3}x-\dfrac{1}{4}x<\dfrac{1}{3}+\dfrac{1}{2}$，$\left(\dfrac{4}{12}-\dfrac{3}{12}\right)x<\dfrac{4+6}{12}$，$\dfrac{1}{12}x<\dfrac{10}{12}$，$x<10$

3 ①$x<-\dfrac{3}{4}$　②$x<\dfrac{12}{13}$　③$x\leqq-\dfrac{10}{7}$　④$x>-\dfrac{2}{3}$　⑤$x>9$

⑥$x>\dfrac{27}{4}$

解説　①$2x-6>6x-3$，$2x-6x>-3+6$，$-4x>3$，$x<-\dfrac{3}{4}$

②$7x-14<-6x-2$，$13x<12$，$x<\dfrac{12}{13}$　③$3x+8\geqq10x+14+4$，

$-7x\geqq10$，$x\leqq-\dfrac{10}{7}$　④$2x-6<5x-10+6$，$-3x<2$，$x>-\dfrac{2}{3}$

⑤$3(x-1)>2(x+3)$，$3x-3>2x+6$，$x>9$　⑥$3(x-5)<7x-42$，

$3x-15<7x-42$，$-4x<-27$，$x>\dfrac{27}{4}$

4 ①$-6\leqq x<1$　②$-\dfrac{7}{3}\leqq x<\dfrac{9}{2}$

解説　①$4x-2<2x$より，$2x<2$，$x<1$　……(i)　$6-2x\geqq-3x$より，

$x\geqq-6$　……(ii)　(i)と(ii)より，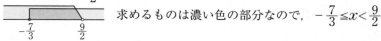求めるものは濃

い色の部分なので，$-6\leqq x<1$

②$5-3x\leqq12$より，$3x\geqq-7$，$x\geqq-\dfrac{7}{3}$　……(i)　$-2x+4>-5$より，

$-2x>-9$，$x<\dfrac{9}{2}$　……(ii)　(i)と(ii)より，

求めるものは濃い色の部分なので，$-\dfrac{7}{3}\leqq x<\dfrac{9}{2}$

数学

1 次の2次不等式を解きなさい。

① $x^2 + 3x > 0$

② $-x^2 + 5x > 0$

③ $2x^2 + 9x + 4 > 0$

④ $3x^2 - 5x - 2 \leq 0$

⑤ $x^2 - x - 1 \leq 0$

⑥ $-x^2 + 3x - 1 < 0$

⑦ $\dfrac{1}{3} - \dfrac{x}{2} \leq \dfrac{x(1-x)}{6}$

2 次の連立方程式を解きなさい。

① $\begin{cases} (x+2)(x-6) < 0 \\ (x-4)(x-1) > 0 \end{cases}$

② $\begin{cases} x^2 - 10 < 3x \\ x^2 < 8x \end{cases}$

③ $\begin{cases} x^2 + 2x - 15 < 0 \\ x^2 + x - 2 > 0 \end{cases}$

④ $\begin{cases} x^2 - 2x \geq 0 \\ 4x^2 - 4x - 7 < 0 \end{cases}$

ANSWER-2 1次不等式・2次不等式

1 ① $x > 0$, $x < -3$　② $0 < x < 5$　③ $x > -\dfrac{1}{2}$, $x < -4$　④ $-\dfrac{1}{3} \leq x \leq 2$

⑤ $\dfrac{1 - \sqrt{5}}{2} \leq x \leq \dfrac{1 + \sqrt{5}}{2}$　⑥ $x > \dfrac{3 + \sqrt{5}}{2}$, $x < \dfrac{3 - \sqrt{5}}{2}$

⑦ $2 - \sqrt{2} \leq x \leq 2 + \sqrt{2}$

解説　① $x(x+3) > 0$　$x > 0$, $x < -3$　② $x^2 - 5x < 0$, $x(x-5) < 0$　$0 < x < 5$

③ $(2x+1)(x+4) > 0$　$x > -\dfrac{1}{2}$, $x < -4$　④ $(3x+1)(x-2) \leq 0$　$-\dfrac{1}{3} \leq x \leq 2$

⑤ $x^2 - x - 1 = 0$ より,

$$x = \frac{1 \pm \sqrt{1 - 4 \times 1 \times (-1)}}{2} = \frac{1 \pm \sqrt{5}}{2} \qquad \left(x - \frac{1 + \sqrt{5}}{2}\right)\left(x - \frac{1 - \sqrt{5}}{2}\right) \leqq 0$$

$\dfrac{1 - \sqrt{5}}{2} \leqq x \leqq \dfrac{1 + \sqrt{5}}{2}$ ⑥$x^2 - 3x + 1 > 0$ $x^2 - 3x + 1 = 0$ より,

$$x = \frac{3 \pm \sqrt{9 - 4 \times 1 \times 1}}{2} = \frac{3 \pm \sqrt{5}}{2} \qquad \left(x - \frac{3 + \sqrt{5}}{2}\right)\left(x - \frac{3 - \sqrt{5}}{2}\right) > 0$$

$x > \dfrac{3 + \sqrt{5}}{2}, \ x < \dfrac{3 - \sqrt{5}}{2}$ ⑦$2 - 3x \leqq x(1 - x)$, $2 - 3x \leqq x - x^2$, $x^2 - 4x +$

$2 \leqq 0$ $x^2 - 4x + 2 = 0$ より, $x = \dfrac{4 \pm \sqrt{16 - 4 \times 1 \times 2}}{2} = \dfrac{4 \pm \sqrt{8}}{2} = \dfrac{4 \pm 2\sqrt{2}}{2} =$

$2 \pm \sqrt{2}$, $(x - 2 + \sqrt{2})(x - 2 - \sqrt{2}) \leqq 0$ $2 - \sqrt{2} \leqq x \leqq 2 + \sqrt{2}$

2 ①$-2 < x < 1$, $4 < x < 6$ ②$0 < x < 5$ ③$-5 < x < -2$, $1 < x < 3$

④$\dfrac{1 - 2\sqrt{2}}{2} < x \leqq 0$

解説 ① $(x + 2)(x - 6) < 0$ より, $-2 < x < 6$ ……(i) $(x - 4)(x - 1) > 0$

より, $x > 4$, $x < 1$ ……(ii) (i)と(ii)より,

求めるものは濃い色の部分であるので, $-2 < x < 1$, $4 < x < 6$ ②$x^2 - 10 <$

$3x$ より, $x^2 - 3x - 10 < 0$ $(x + 2)(x - 5) < 0$ $-2 < x < 5$ ……(i)

$x^2 < 8x$ より, $x^2 - 8x < 0$ $x(x - 8) < 0$ $0 < x < 8$ ……(ii) (i)と(ii)より

求めるものは濃い色の部分であるので,

$0 < x < 5$

③$x^2 + 2x - 15 < 0$ より, $(x + 5)(x - 3) < 0$ $-5 < x < 3$ ……(i) $x^2 + x -$

$2 > 0$ より, $(x + 2)(x - 1) > 0$ $x > 1$, $x < -2$ ……(ii) (i)と(ii)より,

求めるものは濃い色の部分であるので,

$-5 < x < -2$, $1 < x < 3$ ④$x^2 - 2x \geqq 0$ より, $x(x - 2) \geqq 0$ $x \geqq 2$, $x \leqq 0$ ……(i)

$4x^2 - 4x - 7 < 0$ より, $4x^2 - 4x - 7 = 0$ と考える。

$$x = \frac{4 \pm \sqrt{4^2 - 4 \times 4 \times (-7)}}{2 \times 4} = \frac{4 \pm \sqrt{16 + 112}}{8} = \frac{4 \pm \sqrt{128}}{8} = \frac{4 \pm \sqrt{64 \times 2}}{8} =$$

$\dfrac{4 \pm 8\sqrt{2}}{8} = \dfrac{1 \pm 2\sqrt{2}}{2}$ $\left(x - \dfrac{1 - 2\sqrt{2}}{2}\right)\left(x - \dfrac{1 + 2\sqrt{2}}{2}\right) < 0$

$\dfrac{1 - 2\sqrt{2}}{2} < x < \dfrac{1 + 2\sqrt{2}}{2}$ ……(ii) (i)と(ii)より

求めるものは濃い色の部分であるので, $\dfrac{1 - 2\sqrt{2}}{2} < x \leqq 0$

数学

8. 集合，データの分析

ここがポイント🔑

■集合

- **要素**……集合を構成している1つ1つのものをいう。
- **$a \in A$**……aが集合Aの要素であることを示す。aが集合Aの要素でない場合，$a \notin A$とかく。
- **集合の表し方**……これには，列記法と条件法がある。

　列記法：A = {1, 2, 3, 4, 5, 6, 7, 8}

　条件法：A = {x|1≦x≦8　xは整数}

■包含関係

- **部分集合**……A⊂B：集合Aの要素はすべて集合Bに含まれる。また、2つの集合A，Bのすべての要素が一致するとき，AとBは等しいといい，A=Bと表す。
- **真部分集合**……A⊂Bで，A≠B。このときAはBの真部分集合。

■共通部分と和集合

- $A \cap B = \{x|x \in A$かつ$x \in B\}$
　2つの集合A，Bの両方に属している要素の集合を表す（図1）」
- $A \cup B = \{x|x \in A$または$x \in B\}$
　2つの集合A，Bの少なくとも一方に属している要素の集合を表す（図2）

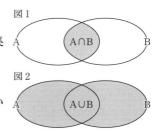

■補集合

- **全体集合**……考えている全体の集合のことで，通常Uで表す。
- **Aの補集合**……全体集合Uの部分集合Aに属さないものの集合を，Aの補集合という。

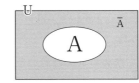

■**データの代表値**

　データ全体の特徴を1つの数値で表すとき，その数値をデータの代表値という。これには，平均値，中央値、最頻値がある。

・**平均値** $\overline{x}$ …データがx_1，x_2，x_3，x_4………，x_nのn個があるとき，これらの総和をnで割ったものである。

$$平均値 \overline{x} = \frac{1}{n}(x_1 + x_2 + x_3 + x_4 \cdots\cdots + x_n)$$

・**中央値（メジアン）**…データを値の大きさの順に並べたとき（小→大），中央の位置にくる値のこと。

　　○データの個数が奇数のとき

　　　例えば，2，3，4，6，8，9，11のとき

　　　$\boxed{2, 3, 4}$ 6 $\boxed{8, 9, 11}$

　　　よって，中央値は 6

　　○データの個数が偶数のとき

　　　例えば，1，3，5，6，7，8，10，11，13，14

　　　$\boxed{1, 3, 5, 6, 7}$　$\boxed{8, 10, 11, 13, 14}$

　　　よって中央値 $= \frac{7+8}{2} = \frac{15}{2} = 7.5$

・**最頻値（モード）**……データにおいて，最も個数の多い値。

■**四分位数の求め方**

　四分位数とは，データを値の大きさの順に並べたとき（小→大），4等分する位置にある値のこと。小さい方から順に第1四分位数，第2四分位数、第3四分位数といい，第2四分位数は中央値である。

①データを値の大きさの順に並べ，まず中央値を求める。

②中央値を境にして，左半分のデータである下位のデータと，右半分のデータである上位のデータに分ける。そして，下位のデータの中央値（第1四分位数）と上位のデータの中央値（第3四分位数）を求める。

$\boxed{1, 2, 3, 5, 7, 8}$ 10 $\boxed{11, 12, 13, 15, 17, 18}$

$\frac{3+5}{2}=4$ ←第1四分位数　　第2四分位数　　$\frac{13+15}{2}=14$ ←第3四分位数

1 U = {1, 3, 4, 8, 9, 10, 12, 14, 15}を全体集合とする。全体集合U の部分集合A，Bを，A = {1, 4, 8, 15}，B = {3, 4, 10, 15}とすると き，次の集合を求めなさい。

　①$\overline{A} \cap B$　　　　②$\overline{A} \cap \overline{B}$　　　　③$\overline{A} \cup \overline{B}$

2 頻出問題 全体集合U = {x|xは25以下の自然数}，A = {x|xは6の倍数}， B = {x|xは8の倍数}，C = {x|xは9の倍数}とするとき，$(A \cap \overline{B}) \cup C$とし て正しいものはどれか。

　①{6, 12}　　　　②{6, 12, 18}　　　③{6, 9, 12, 18}

　④{6, 12, 18, 24}　　　⑤{6, 9, 12, 18, 24}　　　　　　　（　　）

3 頻出問題 次のデータは10市の年平均気温（2019年）である。このデー タの中央値として正しいものは，次のうちどれか。

　　17.6，17.3，17.7，23.9，15.8
　　17.7，19.4，17.8，17.9，17.6

　①17.4　　　　②17.6　　　　③17.5

　④17.7　　　　⑤17.8　　　　　　　　　　　　　　　　　　（　　）

4 次のデータは，ある会社の従業員8人の体重である。このデータの第1 四分位数として正しいものは，次のうちどれか。

　　82　45　72　63　84　65　58　53

　①55.5　　　　②56　　　　③54.5

　④64　　　　⑤60.5　　　　　　　　　　　　　　　　　　（　　）

ANSWER ■集合，データの分析

1 ①$\overline{A} \cap B = \{3,\ 10\}$ ②$\overline{A} \cap \overline{B} = \{9,\ 12,\ 14\}$ ③$\overline{A} \cup \overline{B} = \{1,\ 3,\ 8,\ 9,\ 10,\ 12,\ 14\}$

解説 ベン図を作ると，右図のようになる。

①$\overline{A} = \{3,\ 9,\ 10,\ 12,\ 14\}$, $B = \{3,\ 4,\ 10,\ 15\}$

∴ $\overline{A} \cap B = \{3,\ 10\}$

②$\overline{B} = \{1,\ 8,\ 9,\ 12,\ 14\}$

∴ $\overline{A} \cap \overline{B} = \{9,\ 12,\ 14\}$

③$\overline{A} \cup \overline{B}$は，$A \cap B$以外の要素の集合となる。

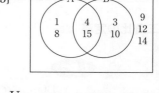

2 ③ **解説** 集合を列記法で表すと，

$U = \{1,\ 2,\ 3,\ 4 \cdots\cdots\cdots 23,\ 24,\ 25\}$

$A = \{6,\ 12,\ 18,\ 24\}$

$B = \{8,\ 16,\ 24\}$

$C = \{9,\ 18\}$

∴ $A \cap \overline{B} = \{6,\ 12,\ 18\}$

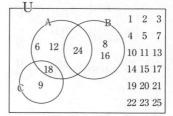

3 ④ **解説** データを値の大きさの順（小→大）に並べてみる。

| 15.8 | 17.3 | 17.6 | 17.6 | 17.7 | 17.7 | 17.8 | 17.9 | 19.4 | 23.9 |

よって，中央値 $= \dfrac{17.7 + 17.7}{2} = 17.7$

4 ① **解説** データを値の大きさの順（小→大）に並べてみる。

| 45 | 53 | 58 | 63 | 65 | 72 | 82 | 84 |

第1四分位数は，下位のデータの中央値である。

よって $\dfrac{53 + 58}{2} = \dfrac{111}{2} = 55.5$

数学

9. 三角比

ここがポイント🔑

■三角比の定義

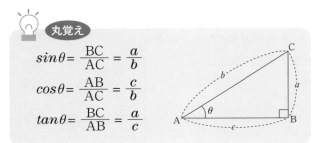

丸覚え

$$sin\theta = \frac{BC}{AC} = \frac{a}{b}$$

$$cos\theta = \frac{AB}{AC} = \frac{c}{b}$$

$$tan\theta = \frac{BC}{AB} = \frac{a}{c}$$

■30°, 45°, 60°の三角比

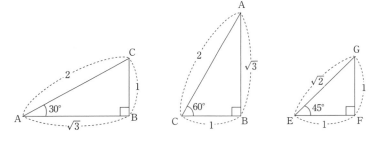

θ 三角比	0°	30°	45°	60°	90°	120°	135°	150°	180°
$\sin\theta$	0	$\frac{1}{2}$	$\frac{\sqrt{2}}{2}$	$\frac{\sqrt{3}}{2}$	1	$\frac{\sqrt{3}}{2}$	$\frac{\sqrt{2}}{2}$	$\frac{1}{2}$	0
$\cos\theta$	1	$\frac{\sqrt{3}}{2}$	$\frac{\sqrt{2}}{2}$	$\frac{1}{2}$	0	$-\frac{1}{2}$	$-\frac{\sqrt{2}}{2}$	$-\frac{\sqrt{3}}{2}$	-1
$\tan\theta$	0	$\frac{\sqrt{3}}{3}$	1	$\sqrt{3}$		$-\sqrt{3}$	-1	$-\frac{\sqrt{3}}{3}$	0

■90°−θの三角比

右の図1の直角三角形ABCにおいて，

$$cos30° = \frac{\sqrt{3}}{2}$$

また，図2の直角三角形ABCにおいて，

$$sin\ (90°-30°) = \frac{\sqrt{3}}{2}$$

したがって，$sin(90°-30°) = cos30°$

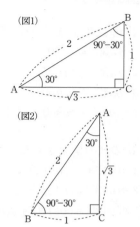

(図1)

(図2)

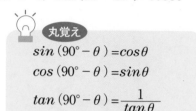

丸覚え

$$sin\ (90°-\theta) = cos\theta$$
$$cos\ (90°-\theta) = sin\theta$$
$$tan\ (90°-\theta) = \frac{1}{tan\theta}$$

数学

■180°−θの三角比

右の図3はθが鋭角のとき，図4はθが鈍角のときのものである。

2つの図はいずれも半径1の半円であることから，OPの長さはいずれも1となる。

よって，図3において，$sin\theta = \dfrac{y}{1} = y$

図4において，$sin\ (180°-\theta) = \dfrac{y}{1} = y$

$\therefore sin\ (180°-\theta) = sin\theta$

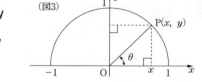

(図3)

丸覚え

$$sin(180°-\theta) = sin\theta$$
$$cos(180°-\theta) = -cos\theta$$
$$tan(180°-\theta) = -tan\theta$$

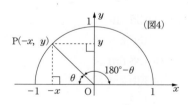

(図4)

■三角比の相互関係

丸覚え

$$tan\theta = \frac{sin\theta}{cos\theta} \qquad sin^2\theta + cos^2\theta = 1 \qquad 1+tan^2\theta = \frac{1}{cos^2\theta}$$

1 次の式の値を求めなさい。

①$\sin 60° + \cos 30° =$

②$\sin 30° \times \tan 45° =$

③$\cos 45° \div \tan 60° =$

④$\sin 45° \times \cos 60° =$

2 次の式の値を求めなさい。

①$\sin 150° - \cos 120° =$

②$\sin 135° \tan 135° =$

③$\sin 120° + \cos 180° + \tan 120° =$

3 次の問いに答えなさい。

①$\cos\theta = \dfrac{5}{13}$ のとき，$\sin\theta$ と $\tan\theta$ の値を求めなさい。

②$\sin\theta = \dfrac{2}{3}$ のとき，$\cos\theta$ の値を求めなさい。

4 頻出問題 鉄塔の真下から，平地をまっすぐ80m進み，鉄塔の先端を見上げたところ，水平面とのなす角は60°であった。このとき，目の高さが1.8mであった場合，鉄塔の高さとして正しいものはどれか。なお，$\sqrt{3} = 1.73$ とする。

①135.4m

②136.6m

③138.8m

④140.2m

⑤142.4m

ANSWER ■三角比

1 ①$\sqrt{3}$　②$\dfrac{1}{2}$　③$\dfrac{\sqrt{6}}{6}$　④$\dfrac{\sqrt{2}}{4}$

解説　①$\sin60°+\cos30°=\dfrac{\sqrt{3}}{2}+\dfrac{\sqrt{3}}{2}=\sqrt{3}$　②$\sin30°\times\tan45°=\dfrac{1}{2}\times1=\dfrac{1}{2}$

③$\cos45°\div\tan60°=\dfrac{\sqrt{2}}{2}\div\sqrt{3}=\dfrac{\sqrt{2}}{2}\times\dfrac{1}{\sqrt{3}}=\dfrac{\sqrt{2}}{2\sqrt{3}}=\dfrac{\sqrt{2}\times\sqrt{3}}{2\sqrt{3}\times\sqrt{3}}=\dfrac{\sqrt{6}}{2\times3}=\dfrac{\sqrt{6}}{6}$

④$\sin45°\times\cos60°=\dfrac{\sqrt{2}}{2}\times\dfrac{1}{2}=\dfrac{\sqrt{2}\times1}{2\times2}=\dfrac{\sqrt{2}}{4}$

2 ①1　②$-\dfrac{2}{\sqrt{2}}$　③$-1-\dfrac{3}{\sqrt{2}}$

解説　①$\sin150°-\cos120°=\sin(180°-30°)-\cos(180°-60°)=\sin30°-(-\cos60°)=\dfrac{1}{2}-(-\dfrac{1}{2})=1$　②$\sin135°\tan135°=\sin(180°-45°)\tan(180°-45°)=\sin45°\times(-\tan45°)=\dfrac{\sqrt{2}}{2}\times(-1)=-\dfrac{\sqrt{2}}{2}$　③$\sin120°+\cos180°+\tan120°=\sin(180°-60°)+\cos180°+\tan(180°-60°)=\sin60°+\cos180°-\tan60°=\dfrac{\sqrt{3}}{2}-1-\sqrt{3}=-1-\dfrac{\sqrt{3}}{2}$

3 ①$\sin\theta=\dfrac{12}{13}$, $\tan\theta=\dfrac{12}{5}$　②$\cos\theta=\pm\dfrac{\sqrt{5}}{3}$

解説　①$\sin^2\theta+\cos^2\theta=1$より，$\sin^2\theta=1-\left(\dfrac{5}{13}\right)^2=\left(\dfrac{12}{13}\right)^2$　$\therefore\sin\theta=\pm\dfrac{12}{13}$　$\cos\theta>0$より，θは鋭角であるから，$\sin\theta>0$　$\therefore\sin\theta=\dfrac{12}{13}$ 以上より，$\tan\theta=\dfrac{\sin\theta}{\cos\theta}=\dfrac{12}{5}$　②$\cos^2\theta=1-\sin^2\theta=1-\left(\dfrac{2}{3}\right)^2=\dfrac{5}{9}$　よって，$\cos\theta=\pm\dfrac{\sqrt{5}}{3}$

4 ④　解説　右図のように，鉄塔の一部の長さをx(m)とすると，

$\tan60°=\dfrac{x}{80}$　$\sqrt{3}=\dfrac{x}{80}$

$x=80\times\sqrt{3}$　$80\times1.73=138.4$

以上より，求めるものは，138.4+1.8=140.2(m)

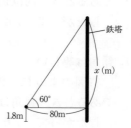

10. 角と平行線

■対頂角

2つの直線が交わったときにできる4つの角のうち，それぞれ向かいあった2つの角を対頂角という。

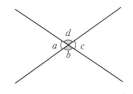

 $\angle a = \angle c$, $\angle b = \angle d$

■同位角，錯角

右図のような位置にある2つの角を同位角，錯角という。

　　同位角……$\angle a$と$\angle e$，$\angle b$と$\angle f$
　　　　　　　　$\angle c$と$\angle g$，$\angle d$と$\angle h$
　　錯　角……$\angle b$と$\angle h$，$\angle c$と$\angle e$

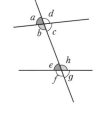

■平行線の性質

①同位角は等しい

右図のように，2つの直線ℓとmが平行であるとき，同位角は等しくなる。

したがって，$\angle a = \angle e$，$\angle b = \angle f$
　　　　　　$\angle c = \angle g$，$\angle d = \angle h$

②錯角は等しい

右図のように，2つの直線ℓとmが平行であるとき，錯角は等しくなる。

したがって，$\angle b = \angle h$，$\angle c = \angle e$

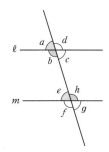

③同側内角の和は$180°$

下の図1において，ℓとmが平行であるとき，$\angle x$と$\angle y$の和は$180°$になる。また，$\angle a$と$\angle b$の和も$180°$になる。

図2において，ℓとmが平行であるとき，$\angle x$と$\angle y$の和は$180°$になる。また，$\angle a$と$\angle b$の和も$180°$になる。

（図1）

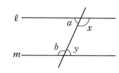

$\angle x + \angle y = 180°$
$\angle a + \angle b = 180°$

（図2）

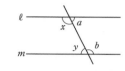

$\angle x + \angle y = 180°$
$\angle a + \angle b = 180°$

数
学

＜トレーニング＞

下図は，$\ell /\!/ m$である。また，点Bを通り，ℓとmに平行な直線nを引いたとき，次の問いに答えなさい。

①$\angle x$と等しい角はどれか。
②$\angle y$と等しい角はどれか。
③$\angle x = 50°$，$\angle y = 35°$のとき，
　$\angle$ABCは何度か。

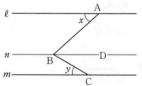

正解

　①$\angle$ABD
　②$\angle$DBC
　③$\angle$ABC $= 85°$

解説

　①$\angle x = \angle$ABD　（錯角）
　②$\angle y = \angle$DBC　（錯角）
　③$\angle$ABC $= \angle$ABD $+ \angle$DBC
　　　　　　$= 50° + 35° = 85°$

1 頻出問題 下図のように，3つの直線が1点で交わっている。このとき，∠*x*の大きさとして正しいものはどれか。

① 80°

② 85°

③ 90°

④ 95°

⑤ 100°

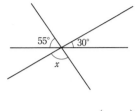

（　　）

2 頻出問題 下図で ℓ∥*m*のとき，∠*x*の大きさはいくらか。

① 70°

② 75°

③ 80°

④ 85°

⑤ 90°

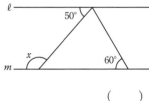

ヒント！　ℓ∥*m*に平行な補助線を引いてみる。　　　　　（　　）

3 頻出問題 下図で ℓ∥*m*のとき，∠*x*の大きさはいくらか。

① 120°

② 125°

③ 130°

④ 135°

⑤ 140°

（　　）

ANSWER-1 ■角と平行線

1 ④ **解説** 3直線が交わってできる6つの角について，対頂角であることから次式が成立する。

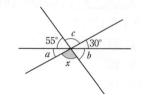

$55° = \angle b$

$\angle a = 30°$

$\angle x = \angle c$

$55° + \angle c + 30° = 180°$であることから，

$\angle c = 95°$ 　　$\angle x = \angle c = 95°$

2 ⑤ **解説** まずは，右図に示すように，ℓ，mに平行な補助線nを引いてみる。

右図において，

$\angle CBF = \angle ABD = 50°$（対頂角）

$\angle ABD = \angle BFH = 50°$（同位角）

$\angle FIJ = \angle EFG = 40°$（同位角）

$\angle EFG = \angle HFI = 40°$（対頂角）

$\angle x = \angle BFH + \angle HFI$

　　$= 50° + 40° = 90°$

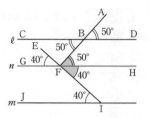

3 ③ **解説** 右図において，次の関係が成立する。

$\angle ABC = \angle BCE = 50°$（錯角）

ゆえに，$\angle x = 180° - 50°$

　　　　　　$= 130°$

（別解）

右図において，次の関係が成立する。

$\angle BEC = \angle FBA = 60°$（同位角）

$\angle FBG = 180° - 60° - 50°$

　　　$= 70°$

$\angle x = \angle FBA + \angle FBG$

　　$= 60° + 70° = 130°$

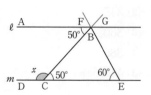

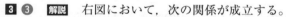

数学

1 **頻出問題** 下図の四角形ABCDは平行四辺形である。∠*x*の大きさは次のうちどれか。

① 35°

② 40°

③ 45°

④ 50°

⑤ 55°

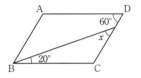

ヒント！　AD//BCなので，∠D＋∠C＝180°

（　　）

2 **頻出問題** 下図で ℓ//*m* のとき，∠*x*の大きさはいくらか。

① 82°

② 84°

③ 86°

④ 88°

⑤ 90°

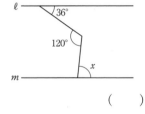

（　　）

3 **頻出問題** 下図で ℓ//*m* のとき，∠*x*＋∠*y*の大きさはいくらか。

① 320°

② 345°

③ 360°

④ 380°

⑤ 415°

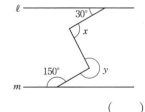

（　　）

ANSWER-2　■角と平行線

1 ❷　**解説**　四角形ABCDは平行四辺形である

から，AD∥BC。ゆえに，∠D + ∠C = 180°

∠D = 60°であることから，

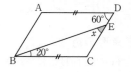

∠C = 180° − 60° = 120°

∠EBC + ∠C + ∠x = 180°

∠x = 180° − ∠C + ∠B

= 180° − 120° − 20° = 40°

2 ❷　**解説**　右図のように，ℓとmに平行な直線であるnを補助線として引

いてみる。

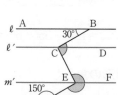

∠ABC = ∠BCD（錯角）

∠BCD = 36°

∠BCE = 120°

∠BCE = ∠BCD + ∠DCE

= 36° + ∠DCE = 120°　　∠DCE = 84°

∠DCE = ∠CEF（錯角）

∠CEF = 84° = ∠x　　　　　　　∠x = 84°

3 ❸　**解説**　右図のように，ℓとmに平行な直線であるℓ′, m′を補助線と

して引いてみる。

∠ABC = ∠BCD（錯角）

∠BCD = 30°

∠FEG = ∠EGH（錯角）

∠FEG = 150°

また，ℓ′とm′は平行であるから，

∠DCE + ∠CEF = 180°

以上より，∠x + ∠y = ∠BCD + ∠DCE + ∠CEF + ∠FEG

= ∠BCD + (∠DCE + ∠CEF) + ∠FEG

= 30° + 180° + 150°

= 360°

数学

三角形と平行四辺形

ここがポイント**1**

■三角形の角

右の△ABCにおいて，∠A，∠B，∠Cを
△ABCの**内角**という。

また，∠ACDを△ACBの**外角**という。

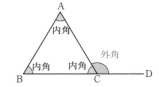

> **KEY**　三角形の内角の和は180°
> 　　　∠A＋∠B＋∠C＝180°
> 三角形の1つの外角は，その隣にない2つの内角の和に等しい。
> 　　　∠A＋∠B＝∠ACD

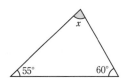

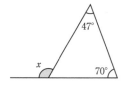

$$∠x＝180°－55°－60°＝65°$$　　$$∠x＝70°＋47°＝117°$$

■多角形の角

> **KEY**　n角形の内角の和は，　$180°×(n-2)$
> 　　　四角形の内角の和は，　$180°×(4-2)＝360°$
> 　　　五角形の内角の和は，　$180°×(5-2)＝540°$
> 　n角形の外角の和は，　360°
> 　　　四角形の外角の和は，　360°
> 　　　五角形の外角の和は，　360°

■平行四辺形の性質

・向かいあう辺が等しい。
 AB＝DC, AD＝BC
・向かいあう角が等しい。
 ∠A＝∠C, ∠B＝∠D
 ∠BAC＝∠DCA
 ∠DAC＝∠BCA
 ∠ABD＝∠CDB
 ∠CBD＝∠ADB

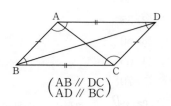

$$\left(\begin{array}{l} AB /\!/ DC \\ AD /\!/ BC \end{array}\right)$$

数 学

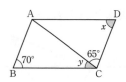

∠B＝∠D   ∠x＝70°
∠DCA＝∠BAC＝65°
∠BAC＋∠B＋∠BCA＝180°
 65°＋70°＋∠y＝180°   ∠y＝45°

■特別な平行四辺形

 長方形，ひし形，正方形の3つがある。

●長方形

 （定義）4つの角が等しい四角形
 （性質）2つの対角線は長さが等しい。 （図1）

●ひし形

 （定義）4つの辺が等しい四角形。
 （性質）2つの対角線は垂直に交わる。 （図2）

●正方形

 （定義）4つの角が等しく，4つの辺が等しい四角形。
 （性質）2つの対角線は長さが等しく，垂直に交わる。 （図3）

（図1）
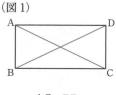
AC＝BD

（図2）
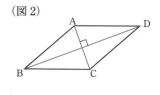
AC⊥BD

（図3）
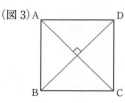
AC＝BD，AC⊥BD

1 下図の∠xの大きさはいくらか。

① 50°

② 55°

③ 60°

④ 65°

⑤ 70°

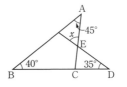

ヒント！　三角形の1つの外角は，その隣りにない2つの
内角の和に等しいので，∠B＋∠A＝∠ACD　　　　　　（　　）

2 頻出問題 右図で，$\ell /\!/ m$であるとき，∠xの大きさはどれか。

① 60°

② 65°

③ 70°

④ 75°

⑤ 80°　　　　　　（　　）

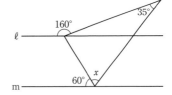

3 頻出問題 下図の四角形ABCDは平行四辺形である。AD＝DEのとき，
∠xの大きさはどれか。

① 26°

② 28°

③ 30°

④ 32°

⑤ 34°　　　　　　（　　）

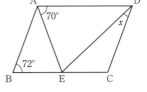

4 頻出問題 下図の四角形ABCDは平行四辺形である。∠xの大きさはど
れか。

① 30°

② 32°

③ 35°

④ 37°

⑤ 40　　　　　　（　　）

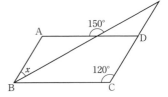

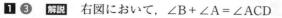

ANSWER　■三角形と平行四辺形

1 ③　**解説**　右図において，∠B+∠A=∠ACD

∠ACD=40°+45°=85°

また，∠ACD+∠D+∠CED=180°

∠CED=180°-85°-35°=60°

∠CED=∠xより，∠x=60°

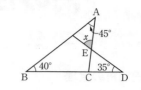

2 ②　**解説**　右図において，

∠DBA=160°であることから，

∠ABE=180°-160°=20°

また，∠FCB=∠EBC（錯角）

∠EBC=60°

∠ABE+∠EBC+∠x+∠A=180°

20°+60°+∠x+35°=180°

∠x=180°-20°-60°-35°=65°

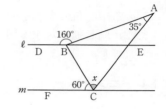

3 ④　**解説**　AD=DEであることから，∠DAE=∠DEA　∠DEA=70°

また，平行四辺形であることから，

∠B=∠D（錯角）　∠D=72°

∠DAE+∠DEA+∠EDA=180°　である　こ

とから，

70°+70°+∠EDA=180°

∠EDA=40°

∠EDA+∠x=∠D=72°

40°+x=72°　　x=32°

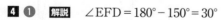

4 ①　**解説**　∠EFD=180°-150°=30°

また，∠C=∠FDEより，∠FDE=120°

∠E=180°-30°-120°

=30°

∠E=∠xより，∠x=30°

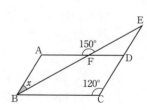

数学

12. 円の性質

■円周角の定理

(1) 円周角の大きさは，その弧に対する中心角の大きさの $\frac{1}{2}$ である。
(2) 同じ弧に対する円周角の大きさは等しい。

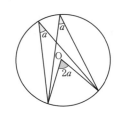

＜トレーニング＞

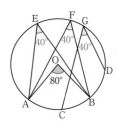

∠AOB＝∠80°のとき，
円周角の定理により，

$$\angle AEB = \angle AFB = 80° \times \frac{1}{2} = 40°$$

また，$\overset{\frown}{AB} = \overset{\frown}{CD}$ のとき，

∠AEB＝∠CGD
∠AFB＝∠CGD
∠CGD＝40°

■円の内接する四角形の性質

(1) 円に内接する四角形の向かいあう角の和は180°である。
   右図において，∠A＋∠BCD＝180°
                ∠B＋∠D＝180°
(2) 円に内接する四角形の1つの内角は，対角の外角に等しい。
   右図において，∠A＝∠DCE

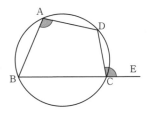

＜トレーニング＞

∠B＋∠x＝180°   ∠x＝180°－80°＝100°
∠A＝∠y   ∠y＝100°

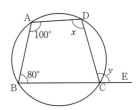

■2つの接線の長さ

右図のように，円Oの点外から，円Oに2つの接線を引くことができる。その接点をA，Bとするとき，線分PAとPBの長さは等しくなる。

$$PA = \mathbf{PB}$$

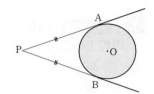

＜トレーニング＞

右図において，Iは△ABCの内心であり，P，Q，Rは内接円と各辺との接点である。AP＝4cm，BC＝7.5cmであるとき，△ABCの周囲の長さはいくらか。

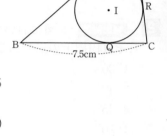

$$BC = BQ + CQ$$
$$BQ = \mathbf{BP}, \quad CQ = \mathbf{CR}$$

ゆえに，BP＋CR＝BC

よって，BQ＋CQ＋BP＋CR＝BC＋BC＝15

$$AP = \mathbf{AR} \qquad AP + AR = 8$$

以上より，求めるものは　15＋8＝23（cm）

■円に外接する四角形の性質

右図のように，四角形で，4辺に接する円がかけるとき，この四角形は円に外接するという。

また，円に外接する四角形では，2組の対辺の長さの和は等しい。

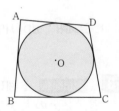

$$AB + CD = \mathbf{AD + BC}$$

■接弦定理

円周上の1点から引いた接線と弦のつくる角は，その角内にある弧に対する円周角に等しい。

$$\angle BAT_2 = \mathbf{\angle ACB}$$
$$\angle CAT_1 = \mathbf{\angle ABC}$$

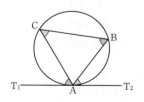

T₁T₂は接線，Aは接点

1 頻出問題 下図において，点Oは円の中心であり，A, B, C はそれぞ円周上の点である。このとき，∠x の大きさはいくらか。

① 36°

② 38°

③ 40°

④ 42°

⑤ 44°

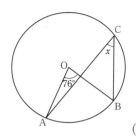

ヒント！ 円周角の定理を利用する。

( )

2 頻出問題 下図において，点Oは円の中心であり，A, B, C, D はそれぞれ円周上の点である。このとき，∠x の大きさはいくらか。

① 30°

② 40°

③ 45°

④ 50°

⑤ 55°

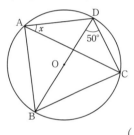

ヒント！ BD は円の直径である。

( )

3 頻出問題 下図において，四角形 ABCD は円に内接している。このとき，∠x の大きさはいくらか。

① 96°

② 98°

③ 100°

④ 102°

⑤ 104°

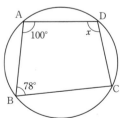

( )

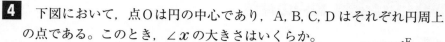

4 下図において，点Oは円の中心であり，A, B, C, Dはそれぞれ円周上の点である。このとき，∠xの大きさはいくらか。

① 24°

② 26°

③ 28°

④ 30°

⑤ 32°

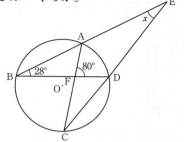

（　　）

ANSWER-1 ■円の性質

1 ② 解説 円周角の定理より，∠ACBの大きさは∠AOBの大きさの$\frac{1}{2}$となる。よって，∠ACB = 76° × $\frac{1}{2}$ = 38°

2 ② 解説 BDは円の直径である。よって，∠BADの大きさは，

∠BAD = 180° × $\frac{1}{2}$ = 90°

また，$\overparen{BC}$が同じであることから，∠BDC = ∠BAC　∠BAC = 50°

以上より，∠CAD = ∠BAD − ∠BAC = 90° − 50° = 40°

3 ④ 解説 四角形ABCDは円に内接していることから，

∠A + ∠C = 180°，∠B + ∠D = 180°

∠B = 78°であるので，∠D = ∠x = 180° − 78° = 102°

4 ① 解説 ∠ABF + ∠BAF = ∠AFD　よって，28° + ∠BAF = 80°

∠BAF = 80° − 28° = 52°

また，∠BAF + ∠CAE = 180°より，∠CAE = 180° − 52° = 128°

次に，$\overparen{AD}$が同じであることから，∠ABF = ∠ACD　∠ACD = 28°

△ACEについて，∠x + ∠CAE + ∠ACE = 180°

∠x = 180° − 128° − 28° = 24°

1　頻出問題　下図において，∠*x*の大きさはどれか。

① 32°

② 40°

③ 45°

④ 65°

⑤ 70°

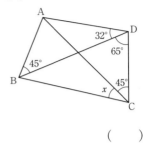

ヒント!　円周角の定理の逆を利用する。

（　　）

2　頻出問題　下図の四角形ABCDは，円O
に点P, Q, R, Sで外接している。また，円
の半径は5cmで，∠BCD = 90°，BC =
12cm，AS = 6cm，SD = 4cmである。こ
のとき，BPの長さは次のうちどれか。

① 5cm

② 6cm

③ 7cm

④ 8cm

⑤ 9cm

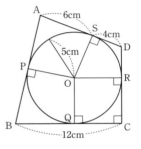

（　　）

3　頻出問題　下図において，PA，PCは接線
である。∠*x*の大きさはどれか。

① 60°

② 62°

③ 64°

④ 66°

⑤ 68°

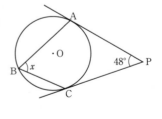

（　　）

4　下図において，Oは半円の中心で，CAはAを接点とする接線であ
る。∠OCA = 30°で，半円の半径が6cmであるとき，△OABの面積は次
のうちどれか。

① $6\sqrt{3}$（cm²）

② $8\sqrt{3}$（cm²）

③ $9\sqrt{3}$（cm²）

④ $10\sqrt{3}$（cm²）

⑤ $11\sqrt{3}$（cm²）

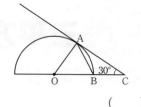

（　　）

ANSWER-2　■円の性質

1 ① **解説**　右図において，∠ABD＝∠ACDで
あることから，A，B，C，Dの4つの点は同一
円周上にあることになる。

　∠ADBと∠ACB＝∠xは，$\overset{\frown}{AB}$が同一であるこ
とから，∠ADB＝∠x＝32°

　なお，∠BACと∠BDCは$\overset{\frown}{BC}$が同一であるこ
とから，∠BAC＝∠BDC＝65°

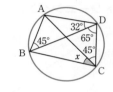

2 ③ **解説**　円の半径が5cmであることから，OR＝5，OQ＝5となる。また，
∠BCD＝90°であることから，四角形OQCRは正方形となる。したがって，
QC＝5

　BC＝12であることから，BQ＝BC－QC＝12－5＝7

　また，BQ＝BPより，BP＝7

3 ④ **解説**　右図において，PA，PCは接線であるこ
とから，PA＝PC　∠PAC＝∠PCA　∠APC＝48°よ
り，∠PCA＝(180°－48°)÷2＝66°

　次に，接弦定理より，∠ACP＝∠ABCであること
から，∠ABC＝66°　∠x＝66°

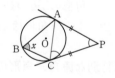

4 ③ **解説**　∠OAC＝90°，∠OCA＝30°　より，∠COA＝60°

OA＝OBより，∠OAB＝∠OBA　つまり，∠BOA＝60°，∠OAB＝∠OBAよ
り，△OABは正三角形となる。

　△OABの高さは，三平方の定理を利用し，$6:x=2:\sqrt{3}$より，$x=3\sqrt{3}$

　したがって，△OABの面積は$\dfrac{1}{2}\times6\times3\sqrt{3}=9\sqrt{3}$（cm²）

13. 三平方の定理

ここがポイント❶

■三平方の定理（ピタゴラスの定理）

直角三角形の直角をはさむ2辺の長さを a, b としたとき，次式が成立する。

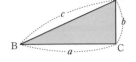

$$a^2 + b^2 = c^2$$

<トレーニング>

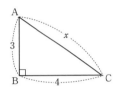
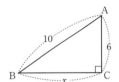

$3^2 + 4^2 = x^2$	$6^2 + x^2 = 10^2$
$x^2 = 9 + 16 = 25 \qquad x = \sqrt{25}$	$x^2 = 100 - 36 = 64$
$x = 5$	$x = \sqrt{64} = 8$

■三平方の定理の逆

三角形の3辺の長さ a, b, cについて，$a^2 + b^2 = c^2$という関係が成立すると，この三角形は $\angle c = 90°$ であり，直角三角形ということになる。

■特別な直角三角形の3辺の比

直角二等辺三角形

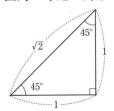

鋭角が30°，60°の直角三角形

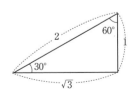

3辺の比は $1 : 1 : \sqrt{2}$

3辺の比は $1 : \sqrt{3} : 2$

<＜トレーニング＞

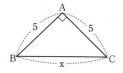

$$1 : \sqrt{2} = 5 : x$$
$$x = 5\sqrt{2}$$

$$\sqrt{3} : 2 = x : 8$$
$$2x = 8\sqrt{3} \qquad x = 4\sqrt{3}$$

数学

■円の接線の長さ

円外の1点Pから半径rの円に引いた接線の長さℓは,

$$\ell = \sqrt{d^2 - r^2}$$

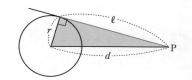

■直方体の対角線の長さ

3辺の長さがa, b, cの直方体の対角線の長さをℓとすると,次式が成立する。

$$\ell = \sqrt{a^2 + b^2 + c^2}$$

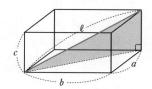

＜トレーニング＞

右図のような直方体がある。対角線AGの長さはいくらか。

$$AG = \sqrt{6^2 + 5^2 + 4^2}$$
$$= \sqrt{36 + 25 + 16} = \sqrt{77}$$

■円すいの高さ

底面の円の半径がr,母線の長さがℓの円すいの高さをhとすると,

$$h = \sqrt{\ell^2 - r^2}$$

1　頻出問題　下図の直角三角形の全周の長さは30cmである。また，AC＝5cmであるとき，BCの長さはいくらか。

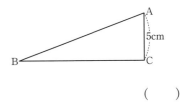

① 10cm
② 11cm
③ 12cm
④ 13cm
⑤ 14cm

（　　）

2　頻出問題　下図において，AB＝10m，∠DAB＝30°，∠DBC＝45°のとき，DCの長さは次のうちどれか。

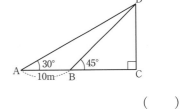

① $3(\sqrt{3}+2)\,\mathrm{m}$
② $4(\sqrt{3}+2)\,\mathrm{m}$
③ $5(\sqrt{3}+1)\,\mathrm{m}$
④ $6(\sqrt{3}+1)\,\mathrm{m}$
⑤ $7(\sqrt{3}+1)\,\mathrm{m}$

（　　）

3　頻出問題　右図のように，半径4cmの円Oと，半径6cmの円O′が互いに外接しているとき，共通接線ABの長さは次のうちどれか。

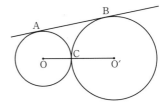

① $3\sqrt{6}\,(\mathrm{cm})$
② $4\sqrt{6}\,(\mathrm{cm})$
③ $5\sqrt{5}\,(\mathrm{cm})$
④ $6\sqrt{5}\,(\mathrm{cm})$
⑤ $7\sqrt{5}\,(\mathrm{cm})$

ヒント！　ABに平行な線を点Oを起点として引いてみる。

（　　）

4 下図は，幅4cmの紙テープをABで折り曲げたものである。∠ACB＝45°のとき，△ACBの面積はどれか。

① $4\sqrt{5}$ （cm²）

② $5\sqrt{5}$ （cm²）

③ $6\sqrt{3}$ （cm²）

④ $7\sqrt{2}$ （cm²）

⑤ $8\sqrt{2}$ （cm²）

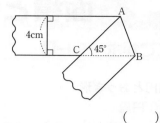

（　　）

ANSWER ■三平方の定理

1 ③ **解説** BC＝x（cm）とすると，AB＝30－5－x＝25－xとなる。よって，$x^2+5^2=(25-x)^2$　$x^2+25=625-50x+x^2$, $50x=600$　$x=12$

なお，AB＝25－x＝25－12＝13

2 ③ **解説** ∠DBC＝45°，∠DCB＝90°より，∠BDC＝45°となり，BC＝DC

DC＝xとすると，AC＝AB＋BC＝10＋x

△ACDについて，AC：DC＝$\sqrt{3}$：1　よって，10＋x：x＝$\sqrt{3}$：1

$\sqrt{3}x=10+x$, $(\sqrt{3}-1)x=10$, $x=\dfrac{10}{\sqrt{3}-1}=\dfrac{10(\sqrt{3}+1)}{(\sqrt{3}-1)(\sqrt{3}+1)}=\dfrac{10(\sqrt{3}+1)}{3-1}$

$=\dfrac{10(\sqrt{3}+1)}{2}=5(\sqrt{3}+1)$（m）

3 ② **解説** 右図のように，点OからBO′へ垂線を引き，その足をHとする。O′H＝6－4＝2（cm）　OO′＝4＋6＝10（cm）　したがって，OH＝$\sqrt{10^2-2^2}=\sqrt{100-4}=\sqrt{96}=\sqrt{16\times6}=4\sqrt{6}$　OH＝ABより，AB＝$4\sqrt{6}$（cm）

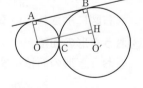

4 ⑤ **解説** 右図において，AC′＝AC，BC′＝BCであり，AC′∥CB，AC∥C′Bである。したがって，四角形ACBC′はひし形である。

△ACHにおいて，AC：AHは$\sqrt{2}$：1　よって，AC：4＝$\sqrt{2}$：1　AC＝$4\sqrt{2}$　AC＝CBより，△ACBの面積＝$\dfrac{1}{2}\times4\sqrt{2}\times4=8\sqrt{2}$（cm²）

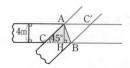

14. 面積と体積

ここがポイント1

■円とおうぎ形

①円周

円周とは円のまわりのこと。

また，円周の長さを ℓ とすると，

$$\ell = 2\pi r \ (r：円の半径)$$

円周

②円の面積

円の面積を S とすると，

$$S = \pi r^2$$

③おうぎ形の弧

おうぎ形の弧の長さを ℓ とすると，

$$\ell = 2\pi r \times \frac{a}{360}$$

右図において，$\overset{\frown}{AB}$ が弧の長さ ℓ である。

また，$a = 150°$，$r = 10\text{cm}$ とすると，

$$\ell = 2\pi \times 10 \times \frac{150}{360} = \frac{25}{3}\pi$$

右図に示されているように，おうぎ形は円の一部といえる。

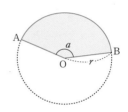

④おうぎ形の面積

おうぎ形の面積を S とすると，

$$S = \pi r^2 \times \frac{a}{360} = \frac{1}{2}r \times \left(2\pi r \times \frac{a}{360}\right) = \frac{1}{2}r\ell$$

＜トレーニング＞

おうぎ形の半径が9cmで，弧の長さが 6π cmであるとき，このおうぎ形の面積はいくらか。

おうぎ形の面積　$S = \dfrac{1}{2} \times 9 \times 6\pi = 27\pi$ （cm²）

■球の表面積と体積

球の半径をrとすると，その表面積S，体積Vは次のように表される。

丸覚え

表面積　$S = 4\pi r^2$

体　積　$V = \dfrac{4}{3}\pi r^3$

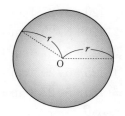

■円柱の表面積と体積

円柱の半径をr，高さをhとすると，その表面積S，体積Vは次のように表される。

丸覚え

表面積　$S = \underset{(側面積)}{2\pi rh} + \underset{(底面積)}{2 \times \pi r^2}$

　　　　$= 2\pi rh + 2\pi r^2$

体　積　$V = \pi r^2 h$

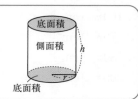

底面積
側面積
h
底面積

また，三角柱の体積＝底面積×高さ

■円すいの表面積と体積

円すいのおうぎ形の弧の長さをℓ，おうぎ形の半径をR，底面の半径をrとすると，その表面積Sは次のように表される。

表面積　$S = \dfrac{1}{2}\ell R + \pi r^2$

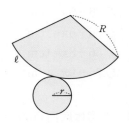
R
ℓ
r

円すいの高さをh，底面の半径をrとすると，その体積Vは次のように表される。

体積　$V = \dfrac{1}{3}\pi r^2 h$

R
h
r
Rを母線という

1 頻出問題 下図の立体の表面積として正しいものはどれか。

① $120 + 5\sqrt{27}$ （cm²）

② $120 + 5\sqrt{29}$ （cm²）

③ $125 + 5\sqrt{27}$ （cm²）

④ $125 + 5\sqrt{29}$ （cm²）

⑤ $130 + 5\sqrt{27}$ （cm²）

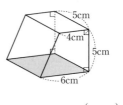

ヒント! 三平方の定理を利用する。　　　　　　（　　）

2 下図は，底面の半径が5cm，高さが10cmである円柱である。この表面積として正しいものはどれか。

① 150π （cm²）

② 160π （cm²）

③ 175π （cm²）

④ 180π （cm²）

⑤ 200π （cm²）

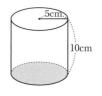

（　　）

3 下図の斜線部の面積として正しいものはどれか。

① $36 - 4\pi$ （cm²）

② $36 - 5\pi$ （cm²）

③ $36 - 6\pi$ （cm²）

④ $36 - 8\pi$ （cm²）

⑤ $36 - 9\pi$ （cm²）

（　　）

4 下図は底面積30cm²，高さ15cmの三角柱である。この三角柱の体積として正しいものはどれか。

① 150 （cm³）

② 200 （cm³）

③ 300 （cm³）

④ 400 （cm³）

⑤ 450 （cm³）

（　　）

ANSWER-1 ■面積と体積

1 ④ **解説** 図1の立体の各点をA〜Hとする。

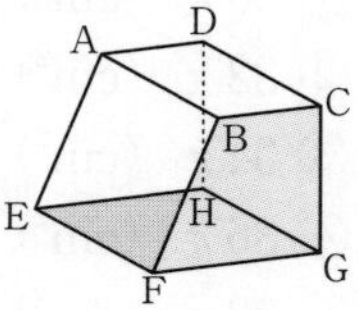

長方形ABCDの面積＝4×5＝20（cm²）

正方形DCGHの面積＝5×5＝25（cm²）

長方形EFGHの面積＝5×6＝30（cm²）

台形BFGCの面積＝(4+6)×5×$\frac{1}{2}$＝25（cm²）

台形AEHDの面積＝台形BFGCの面積＝25（cm²）

（図1）

（図2）

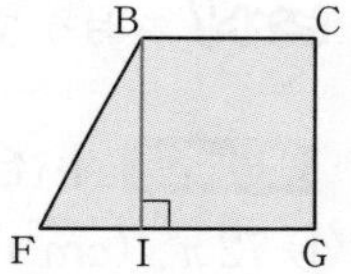

長方形AEFBの面積を求める場合，BFの長さを求めておく必要がある。図2において，BI＝5，∠BIF＝90°，FI＝2であることから，

BF＝$\sqrt{5^2+2^2}$＝$\sqrt{29}$

したがって，長方形AEFB＝5×$\sqrt{29}$＝$5\sqrt{29}$（cm²）

以上より，求めるものは 20+25+30+25+25+$5\sqrt{29}$＝$125+5\sqrt{29}$（cm²）

2 ① **解説** 底面の面積＝πr^2＝π×5²＝25π　円柱の場合，底面は2つあるので，合計の底面の面積＝25π×2＝50π

側面の高さ＝10（cm），円周の長さ＝2πr＝2π×5＝10π（cm）

したがって，側面積＝10×10π＝100π

以上より，求めるものは 50π+100π＝150π（cm²）

3 ⑤ **解説** まず，正方形の面積を求める。6×6＝36（cm²）

斜線部の面積は，正方形の面積から白い部分の面積を差し引いたものである。白い部分の面積は，4つの四分円から成り立っている。4つの四分円の面積＝π×3²＝9π　つまり，半径3cmの円の面積と同じである。

したがって，求めるものは 36−9π（cm²）

4 ⑤ **解説** 三角柱の体積＝底面積×高さ

したがって，求めるものは 30×15＝450（cm³）

1 頻出問題 下図の円すいの側面積として正しいものはどれか。

① 30π（cm²）

② 32π（cm²）

③ 34π（cm²）

④ 36π（cm²）

⑤ 38π（cm²）

ヒント！ おうぎ形の面積＝おうぎ形の半径×弧の長さ×$\frac{1}{2}$　　　（　　）

2 頻出問題 半径6cmの球の体積として正しいものはどれか。

① 72π（cm³）

② 144π（cm³）

③ 216π（cm³）

④ 288π（cm³）

⑤ 360π（cm³）　　　　　　　　　　　　　　　　（　　）

3 頻出問題 下図の円すいの高さは12cm，底面の半径は6cmである。この円すいの体積として正しいものはどれか。

① 108π（cm³）

② 126π（cm³）

③ 144π（cm³）

④ 180π（cm³）

⑤ 216π（cm³）　　　　　　　　　　　（　　）

4 下図の三角すいの底面積は30cm²，高さは14cmである。この三角すいの体積として正しいものはどれか。

① 84（cm³）

②105（cm³）

③140（cm³）

④210（cm³）

⑤315（cm³）　　　　　　　　　　　（　　）

ANSWER-2 ■面積と体積

1 ② **解説** 円すいの側面の形は，右図のように
おうぎ形となる。おうぎ形の面積は，右図のよ
うに半径をR，おうぎ形の弧の長さをℓとする
と，$\frac{1}{2}\ell R$となる。

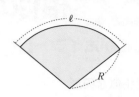

　本問の場合，円すいの底面の半径が 4（cm）
であるので，おうぎ形の弧の長さ$\ell = 2\pi r = 2\pi \times 4 = 8\pi$（cm）となる。

　また，本問の場合，おうぎ形の半径は 8（cm）であるので，
おうぎ形の面積＝円すいの側面積$= \frac{1}{2}\times 8\pi \times 8 = 32\pi$（cm²）

　なお，この円すいの表面積は，おうぎ形の面積に，半径4cmの円の面積を
加えればよい。したがって，円すいの表面積$= 32\pi + \pi \times 4^2 = 32\pi + 16\pi$
$= 48\pi$（cm²）となる。

2 ④ **解説** 球の半径をrとすると，球の体積$= \frac{4}{3}\pi r^3$

　よって，求めるものは$\frac{4}{3}\pi \times 6^3 = \frac{4}{3}\pi \times 6 \times 6 \times 6 = 288\pi$（cm³）

　なお，「半径6cmの球の表面積はいくらか」と問われた場合，球の表面
積$= 4\pi r^2 = 4\pi \times 6^2 = 4\pi \times 36 = 144\pi$（cm²）となる。

3 ③ **解説** 底面の面積$= \pi r^2 = \pi \times 6^2 = 36\pi$（cm²）

　また，円すいの高さは12cmであるので，円すいの体積$= \frac{1}{3}\times 36\pi \times 12 = $
144π（cm³）

4 ③ **解説** 三角すいの体積の公式は円すいと同じである。

$$V = \frac{1}{3}\times 底面積 \times 高さ$$

　したがって，求めるものは，$\frac{1}{3}\times 30 \times 14 = 140$（cm³）

数学

15. 相似な図形

■相似な図形

　　相　似……2つの図形があり，一方を拡大，または縮小すると，他方と
　　　　　　　合同（ぴったり重ね合わせることができる）になるとき，こ
　　　　　　　の2つの図形は相似であるという。

　　相似な図形の性質
　　　　①対応する線分の長さの比はすべて等しい。
　　　　②対応する角の大きさはそれぞれ等しい。
　　相似比……相似な図形で，対応する線分の長さの比，または比の値。

■三角形の線分の比

　　右図のように，△ABCの辺AB，AC上に，
それぞれ点D，Eがあるとき，

　　DE∥BCならば，$\dfrac{AD}{DB} = \dfrac{AE}{EC}$

　　DE∥BCならば，$\dfrac{AD}{AB} = \dfrac{AE}{AC} \left(= \dfrac{DE}{BC} \right)$

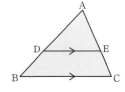

■中点連結定理

　　右図のように，△ABCの辺AB，ACの中
点をそれぞれM，Nとすると，

　①MN∥BC　　②MN = $\dfrac{1}{2}$BC

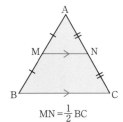

$MN = \dfrac{1}{2}BC$

■相似な平面図形

●相似比と周の長さの比

　　周の長さの比は，相似比に等しい。

　　相似比　　　周の長さの比
　　$m : n$　→　$m : n$

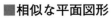

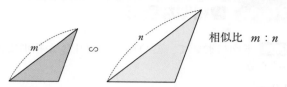

相似比　$m:n$

●相似比と面積の比

面積の比は，相似比の2乗に等しい。

相似比　→　面積の比

$m:n$　　$m^2:n^2$

$$\frac{S'}{S}=\frac{n^2}{m^2}$$

＜トレーニング＞

相似な2つの図形があって，相似比が1：3のとき，この2つの図形の面積比はいくらになるか。

→2つの図形の面積比は，$1^2:3^2=1:9$

■相似な立体

●相似比と表面積の比

表面積の比は，相似比の2乗に等しい。

相似比　→　表面積の比

$m:n$　　$m^2:n^2$

●相似比と体積の比

体積の比は，相似比の3乗に等しい。

相似比　→　表面積の比

$m:n$　　$m^3:n^3$

＜トレーニング＞

2つの円柱が相似で，相似比が2：3であるとき，2つの円柱の表面積の比と体積の比はそれぞれいくらか。

→表面積の比は，$2^2:3^2=4:9$

→体積の比は，　$2^3:3^3=8:27$

数学

1 頻出問題 下図において，△OAB と△OPQ が相似であるとき，x の長さはいくらか。

① 34.0cm

② 36.5cm

③ 38.0cm

④ 40.5cm

⑤ 42.0cm   （　　）

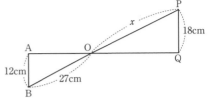

2 頻出問題 相似な 2 つの図形があって，相似比が 2：5 である。このとき，小さい方の面積が 120cm² であるならば，大きい方の面積は次のうちどれか。

① 500（cm²）   ② 600（cm²）   ③ 750（cm²）

④ 800（cm²）   ⑤ 1,000（cm²）   （　　）

3 頻出問題 相似な 2 つの図形があり，大きい方の面積が 567cm²，小さい方の面積が 343cm² のとき，2 つの図形の相似比は次のうちどれか。

① 11：6   ② 9：7   ③ 10：7

④ 11：8   ⑤ 13：8   （　　）

4 右図において，小円，中円，大円の半径の比は 1：2：3 である。小円の面積が S のとき，大円から斜線部を取りのぞいた部分の面積は次のうちどれか。

① 4.5 S

② 5.0 S

③ 5.5 S

④ 6.0 S

⑤ 6.5 S （　　）

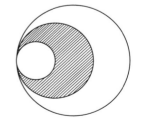

5 下図のような町の縮図がある。図中の⊗（高等学校）から田（病院）までの距離が，実際には2.1km あるとすると，田から⊗（警察署）までの距離は実際にはいくらあるか。

① 1.6km

② 1.65km

③ 1.7km

④ 1.75km

⑤ 1.8km

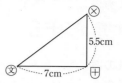

（　　）

ANSWER ■相似な図形

1 ❹ **解説** △OABと△OPQが相似であることから，次式が成立する。

AB：PQ＝OB：OP …… (1)

AB＝12（cm），PQ＝18（cm），OB＝27（cm），OP＝x（cm）であることから，これらを (1) に代入すると，

12：18＝27：x 　　2：3＝27：x 　　2×x＝3×27

2x＝81 　　x＝40.5（cm）

2 ❸ **解説** 相似比が2：5なので，面積比は2^2：5^2＝4：25となる。小さい方の面積が120（cm²）であり，大きい方の面積をx（cm²）とすると，次式が成立する。4：25＝120：x 　よって，4x＝3000 　x＝750（cm²）

3 ❷ **解説** 2つの図形の相似比をm：nとすると，面積比はm^2：n^2となる。つまり，m^2：n^2＝567：343 　よって，m^2＝567 　$m>0$より，m＝$\sqrt{567}$＝$\sqrt{81\times7}$＝$9\sqrt{7}$ 　$n>0$より，n＝$\sqrt{343}$＝$\sqrt{49\times7}$＝$7\sqrt{7}$

以上より，m：n＝$9\sqrt{7}$：$7\sqrt{7}$＝9：7

4 ❹ **解説** 半径の比が1：2：3であることから，面積の比は1：4：9となる。よって，小円の面積をSとすると，中円の面積は4S，大円の面積は9Sとなる。以上より，求めるものは，9S－4S＋S＝6S

5 ❷ **解説** 縮図の問題もたまに出題されるので，準備しておこう。

2.1km＝2100m，2100m＝210000cm 　よって，210000÷7 ＝30000 　つまり，縮尺$\dfrac{1}{30000}$ 　5.5×30000＝165000（cm） 　1.65km

16. 場合の数と確率

ここがポイント❶

■場合の数

　　場合の数とは，起こりうる可能性をすべて列挙した数のことである。したがって，場合の数の場合，もれなく数える，重複なく数えることがポイントになる。

＜トレーニング＞

① 2つのサイコロAとBを投げて，目の数の和が8になる場合は何通りあるか。

A	2	3	4	5	6
B	6	5	4	3	2

答　5通り

② 2つのサイコロAとBを投げて，目の数の積が6になる場合は何通りあるか。

A	1	2	3	6
B	6	3	2	1

答　4通り

③ 100円，50円，10円の3枚の硬貨を同時に投げたとき，表，裏の出方は全部で何通りあるか。

100円	表	表	表	表	裏	裏	裏	裏
50円	表	表	裏	裏	表	表	裏	裏
10円	表	裏	表	裏	表	裏	表	裏

答　8通り

④ 0，1，2，3，4と書いたカードが1枚ずつある。このとき，2枚をとって2けたの数をつくるとすると，いくつできるか。

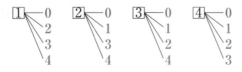

答　16

　　なお，こうした図を樹形図という。

■**規則的な場合の数**

　次のような場合においては，公式にあてはめれば，自動的に「場合の数」を求めることができる。

●**順　列**……n個のものから，r個を取って1列に並べたものを，「n個のものからr個取った順列」という。

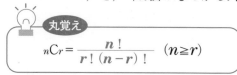

> **丸覚え**
>
> $$_n\mathrm{P}_r = \frac{n!}{(n-r)!} \quad (n \geq r)$$

○ 5人の生徒の中から3人を選んで，左から順番に1列に並べる方法は何通りあるか。

$$_5\mathrm{P}_3 = \frac{5!}{(5-3)!} = \frac{5 \times 4 \times 3 \times 2 \times 1}{2 \times 1} = 60$$ 　　　　　答　60通り

●**組合せ**……n個のものから，r個を取って作った組（順番は問題にしない）を，「n個のものからr個とった組合せ」という。

> **丸覚え**
>
> $$_n\mathrm{C}_r = \frac{n!}{r!(n-r)!} \quad (n \geq r)$$

○ 6人の生徒の中から，4人のリレー選手を選び出す方法は何通りあるか。

$$_6\mathrm{C}_4 = \frac{6 \times 5 \times 4 \times 3 \times 2 \times 1}{4 \times 3 \times 2 \times 1 \times 2 \times 1} = 15$$ 　　　　　答　15通り

■**確　率**

　全体の場合の数がn通りで，ことがらAの起こる場合の数がa通りであるとき，ことがらAの起こる確率Pは，$P = \dfrac{a}{N}$となる。

なお，確率Pの範囲は$0 \leq P \leq 1$である。

＜トレーニング＞

①サイコロを投げたとき，奇数の出る確率はいくらか。

　　サイコロの目の出方は，1，2，3，4，5，6 の6通りである。

　　このうち，奇数は1，3，5 の3つである。 　　　　　答　$\dfrac{1}{2}$

②2枚の硬貨を同時に投げたとき，2枚とも表が出る確率はいくらか。

答　$\dfrac{1}{4}$

1　3枚の硬貨を同時に投げたとき，1枚が表，2枚が裏になる確率はどれか。

① $\frac{1}{2}$　　② $\frac{1}{4}$　　③ $\frac{1}{8}$

④ $\frac{2}{5}$　　⑤ $\frac{3}{8}$　　　　　　　　　　　　　　（　　）

ヒント！　まず，起こりうる可能性をすべて挙げてみる。

2　2個のサイコロを同時に投げたとき，一方が「2」の目，他方が「6」の目が出る確率はどれか。

① $\frac{1}{4}$　　② $\frac{1}{9}$　　③ $\frac{1}{18}$

④ $\frac{1}{25}$　　⑤ $\frac{1}{36}$　　　　　　　　　　　　　（　　）

3　4個の赤球と6個の白球が入っている袋がある。この中から1つずつ球を取り出すとき，1回目が赤球，2回目が白球である確率はどれか。ただし，取り出した球は袋にもどさないものとする。

① $\frac{1}{5}$　　② $\frac{4}{15}$　　③ $\frac{7}{15}$

④ $\frac{3}{5}$　　⑤ $\frac{2}{25}$　　　　　　　　　　　　　（　　）

4　1〜30までの数字を書いた30枚のカードから1枚を取り出したとき，このカードの数字が3の倍数でない確率はどれか。

① $\frac{1}{2}$　　② $\frac{1}{3}$　　③ $\frac{1}{4}$

④ $\frac{2}{3}$　　⑤ $\frac{3}{5}$　　　　　　　　　　　　　（　　）

ANSWER-1 ■場合の数と確率

1 ⑤ **解説** 本試験においては，「確率」を問う問題が大部分を占め，「場合の数」を問う問題は少ない。しかし，「確率」を出すためには，「場合の数」がわからなければ計算できない。

3枚の硬貨をA，B，Cと考えると，3枚の硬貨を同時に投げたとき，表と裏の出る組み合わせは下のように示すことができる。

```
A  表 表 表 表 裏 裏 裏 裏
B  表 表 裏 裏 表 表 裏 裏
C  表 裏 表 裏 表 裏 表 裏
```

つまり，3枚の硬貨を同時に投げたとき，表と裏の出る「場合の数」は8通りとなる。これらのうち，1枚が表，2枚が裏になるのは（表，裏，裏）（裏，表，裏）（裏，裏，表）の3通りである。

したがって，求めるものは$\frac{3}{8}$

2 ③ **解説** 2個のサイコロをA，Bと考える。Aのサイコロで「2」の目が出る確率は$\frac{1}{6}$，Bのサイコロで「6」の目が出る確率も$\frac{1}{6}$

Aのサイコロの目が「6」，Bのサイコロの目が「2」のケースもある。

したがって，求めるものは$\left(\frac{1}{6}\times\frac{1}{6}\right)\times2=\frac{1}{18}$

3 ② **解説** 1回目に赤球が出る確率は$\frac{4}{4+6}=\frac{4}{10}=\frac{2}{5}$

2回目に白球が出る確率は$\frac{6}{3+6}=\frac{6}{9}=\frac{2}{3}$

したがって，1回目に赤球が出て，2回目に白球が出る確率は

$\frac{2}{5}\times\frac{2}{3}=\frac{4}{15}$

4 ④ **解説** 1〜30のうち，3の倍数は（3, 6, 9, 12, 15, 18, 21, 24, 27, 30）である。つまり，10個あるので，1枚を取り出したとき，3の倍数である確率は$\frac{10}{30}=\frac{1}{3}$

したがって，3の倍数でない確率は$1-\frac{1}{3}=\frac{2}{3}$

数学

1 　0〜3までの数字を書いたカードが1枚ずつある。この4枚のカードを使って4桁の整数をつくるとき，2100より大きい数になる並べ方は全部で何通りあるか。

　①4通り　　　②6通り　　　③8通り
　④10通り　　　⑤12通り　　　　　　　　　　　　　　　　（　　）

2 　5本のうち2本の当たりが入っているくじがある。1回目にハズレ，2回目もハズレ，そして3回目に当たりの出る確率はどれか。ただし，取り出したくじは元にもどさないものとする。

　① $\frac{1}{4}$ 　　② $\frac{1}{5}$ 　　③ $\frac{1}{6}$ 　　④ $\frac{1}{8}$ 　　⑤ $\frac{1}{12}$ 　（　　）

　ヒント! 　1回目にハズレの出る確率は $\frac{3}{5}$，2回目にハズレの出る確率は $\frac{2}{4}=\frac{1}{2}$

3 　2個の赤球，3個の白球，1個の黒球の入っている袋がある。この中から1個の球を取り出すとき，白球または黒球が出る確率はどれか。

　① $\frac{1}{6}$ 　　② $\frac{1}{3}$ 　　③ $\frac{1}{2}$ 　　④ $\frac{2}{3}$ 　　⑤ $\frac{5}{6}$ 　　（　　）

4 　3個の赤球，2個の白球，3個の黄球の入っている袋がある。この中から同時に2個の球を取り出すとき，2個とも赤球である確率はどれか。

　① $\frac{1}{7}$ 　　② $\frac{1}{14}$ 　　③ $\frac{3}{14}$ 　　④ $\frac{1}{28}$ 　　⑤ $\frac{3}{28}$ 　（　　）

5 　3個の赤球，1個の白球，2個の青球の入っている袋がある。この中から同時に2個の球を取り出すとき，1個が赤球，1個が青球である確率はどれか。

　① $\frac{1}{4}$ 　　② $\frac{1}{5}$ 　　③ $\frac{2}{3}$ 　　④ $\frac{2}{5}$ 　　⑤ $\frac{3}{5}$ 　　（　　）

ANSWER-2 ■場合の数と確率

1 ④ **解説** 「0，1，2，3」の4つの数字を使って4桁の整数をつくったとき，2100より大きい数は次の10通りである。

2103，2130，2301，2310，3012，3021，3102，3120，3201，3210

2 ② **解説** 1回目にハズレの出る確率は $\frac{3}{5}$　2回目にハズレの出る確率は

$\frac{3-1}{5-1}=\frac{2}{4}=\frac{1}{2}$　3回目に当たりの出る確率は $\frac{2}{5-2}=\frac{2}{3}$

したがって，求めるものは，$\frac{3}{5}\times\frac{1}{2}\times\frac{2}{3}=\frac{1}{5}$

3 ④ **解説** 2個の赤球，3個の白球，1個の黒球の入っている袋から，1個の球を取り出す確率は $\frac{1}{2+3+1}=\frac{1}{6}$

したがって，白球または黒球が出る確率は，$\frac{3+1}{2+3+1}=\frac{4}{6}=\frac{2}{3}$

4 ⑤ **解説** 3個の赤球，2個の白球，3個の黄球の入っている袋から，2個の球を取り出す取り出し方は，$_8C_2=\frac{8\times7}{2\times1}=28$（通り）

また，3個の赤球から2個の赤球を取り出す取り出し方は，

$_3C_2=\frac{3\times2}{2\times1}=3$（通り）

もし，わからなければ3個の赤球をA，B，Cと考えてみるとよい。すると，その組み合わせ方は（A, B）（A, C）（B, C）の3通りとなる。

以上より，求めるものは $\frac{3}{28}$

5 ④ **解説** 3個の赤球，1個の白球，2個の青球の入っている袋から，2個の球を取り出す取り出し方は，$_6C_2=\frac{6\times5}{2\times1}=15$（通り）

また，3個の赤球と2個の青球から，1個の赤球と1個の青球を取り出す取り出し方は，6通り。3個の赤球をA，B，C，2個の青球をD，Eとすると，その組み合わせ方は（A, D）（A, E）（B, D）（B, E）（C, D）（C, E）の6通りである。

ゆえに求めるものは $\frac{6}{15}=\frac{2}{5}$

17. 道　順

ここがポイント①

■道順

　道順の問題とは，下に示すように，「AからBへ行く最短経路は何通り
あるか」というものである。ここでのポイントは，遠まわりせずにAか
らBへ行く方法は何通りあるかということ。

　解き方を読んで納得できない場合には，解き方をそのまま覚えてしま
えばよい。

＜トレーニング＞

　下図のAからBへ行く最短経路は何通りあるか。

①20通り
②25通り
③30通り
④35通り
⑤40通り

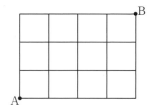

　AからBに行く最短経路は，右（→）に4回，上（↑）に3回行か
なければならないので，合計7回進むことになる。つまり，AからB
に行くのに，7回進むうち，上に3回行かなければならない。

　これは，7個のものから3個を取り出す組合せと同じなので，

$$_7C_3 = \frac{7 \times 6 \times 5}{3 \times 2 \times 1} = 35 \text{（通り）}$$

答　❹

　なお，一般的には右（→）に，m（回），上（↑）にn（回）行か
なければならないとき，その最短経路は，

　　$_{m+n}C_m$　　あるいは　　$_{m+n}C_n$　　となる。

TEST　■道　順

1　下図のAからCを通って，Bへ行く最短経路は何通りあるか。

① 120通り
② 150通り
③ 160通り
④ 180通り
⑤ 200通り

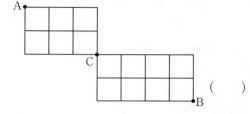

（　　）

2　下図のAからBを通って，Cへ行く最短経路は何通りあるか。

① 260通り
② 280通り
③ 300通り
④ 320通り
⑤ 340通り

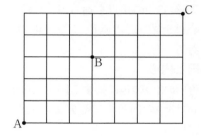

（　　）

ANSWER　■道　順

1 ②

解説　AからCに行く最短経路は，$_{3+2}C_2 = {}_5C_2 = \dfrac{5 \times 4}{2 \times 1} = 10$（通り）

CからBに行く最短経路は，$_{4+2}C_2 = {}_6C_2 = \dfrac{6 \times 5}{2 \times 1} = 15$（通り）

以上より，求めるものは，$10 \times 15 = 150$（通り）

2 ③

解説　AからBに行く最短経路は，$_{3+3}C_3 = {}_6C_3 = \dfrac{6 \times 5 \times 4}{3 \times 2 \times 1} = 20$（通り）

BからCに行く最短経路は$_{4+2}C_2 = {}_6C_2 = \dfrac{6 \times 5}{2 \times 1} = 15$（通り）

以上より，求めるものは，$20 \times 15 = 300$（通り）

■平行線と面積

右図で，PQ∥ABならば

$\triangle PAB = \triangle QAB$

反対に，$\triangle PAB = \triangle QAB$ ならば

PQ∥AB

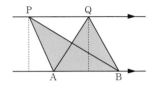

■円と三角形

外接円と外心

三角形の3つの頂点を通る円を外接円といい，その中心を外心という。

外心は3つの辺の垂直二等分線の交点であり，3つの頂点から等距離にある。

内接円と内心

三角形の3つの辺に接する円を内接円といい，その中心を内心という。

内心は3つの内角の二等分線の交点であり，各辺におろした垂線の長さは等しい。

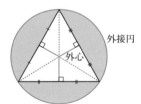

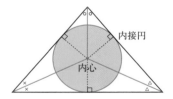

■三角形の重心

三角形の3つの中線は1点で交わり，その交点を重心という。そして，

重心は中線を2：1に分ける，

なお，中線とは，三角形の頂点と，その対辺の中点を結ぶ線分をいう。

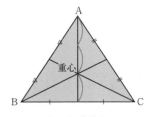

2：1に分ける

地理・歴史 および 公民

㊟ 「公共」については，新しい科目であるため，掲載を見合わせました。

■重要人物

アレクサンド ロス大王	全ギリシアを征服後，東方遠征し，東はインダス川に達する大帝国を建設した。この結果，ヘレニズム文化が生まれる。
始皇帝（し）	秦の初代皇帝。初めて中国を統一し，皇帝中心の中央集権国家を建設。また，匈奴の侵入に備え万里の長城を修築した。
劉邦（りゅう ほう）	前漢の初代皇帝。項羽とともに秦を攻撃し，滅亡させた。その後，項羽を垓下（がいか）の戦い（前202年）で破り，天下を統一。
カエサル	ローマの平民派政治家。独裁的権力を握ったが，反対派に暗殺された。オクタウィアヌスはカエサルの養子である。
カール大帝	教皇レオ3世より授冠され（800年），西ローマ皇帝位につき，ローマ教会をビザンツ（東ローマ）帝国の支配から解放した。
チンギス＝ハン	モンゴル帝国の始祖。12世紀末モンゴル部族を統一。遠征を繰り返し，アジア・ヨーロッパにまたがる大帝国をつくった。
フビライ＝ハン	チンギス＝ハンの孫で，元朝（げん）の初代皇帝。1279年，南宋を滅ぼして，中国全土を完全支配した。
コロンブス	イタリアの地理学者トスカネリの説を信じ，大西洋を西航し，1492年，西インド諸島の1つサンサルバドル島に到着。
クロムウェル	ピューリタン革命の指導者。1649年，チャールズ1世を処刑して共和政を宣言した。
ルイ14世	フランス絶対王政の極盛期をつくり，太陽王と呼ばれた。重商主義を推進し，壮麗なヴェルサイユ宮殿をつくった。
ナポレオン 1世	軍事的成功を背景に皇帝となり，全ヨーロッパを制圧した。しかし，モスクワ遠征に失敗し，退位させられた。
ビスマルク	ドイツの鉄血宰相。オーストリア，フランスに勝利して，ドイツ帝国を建国した。アメとムチの政策も有名である。
ヒトラー	ナチス・ドイツの総統。ドイツ第3帝国の再建にのりだし，第二次世界大戦を引き起こす。敗戦直前に自殺した。
フランクリン・ローズヴェルト	米国32代大統領で，1944年には史上初の4選を果たした。世界恐慌の最中に就任し，ニューディール政策を推進した。

■試験によく出る用語

十字軍	1096 ～ 1270 年。聖地イェルサルム奪回のための 7 回にわたる大遠征。この結果，聖地は奪回されず，諸侯・騎士は没落し，教皇権は衰退していった。一方，国王の王権は強化した。
ルネサンス	14 ～ 16 世紀。文芸復興のこと。神中心の中世から人間中心の近代的な生き方が文学・芸術・思想などに表れた。イタリアに始まり，ヨーロッパ各地に広まった。
ルターの宗教改革	1517 年。マルティン＝ルターは教皇レオ 10 世の贖宥状（免罪符）販売に反対し，「95 か条の論題」を発表した。また，スイスではカルヴァンが福音主義による宗教改革を行った。
名誉革命	1688 年。ジェームズ 2 世の専制政治に対して，王を追放し，娘メアリ 2 世とその夫ウィリアム 3 世を国王に迎えた革命。無血の政変であったことから，この名がある。
アメリカ独立戦争	1775 ～ 1783 年。イギリス本国の重商主義政策に反対して，13 植民地が開戦し，1783 年のパリ条約で独立を承認された。独立宣言はジェファソンが起草した。
フランス革命	1789 ～ 1799 年。バスティーユ牢獄襲撃から始まったフランスの市民革命。フランス社会を根底から変革したと同時に，近代社会成立の転換点となった。
ウィーン会議	1814 ～ 1815 年。ナポレオン戦争後のヨーロッパの諸問題を解決するための国際会議。会議がなかなか進まなかったため，「会議は踊る。されど進まず」と評された。
アヘン戦争	1840 ～ 1842 年。アヘンの密輸をめぐって清とイギリスとの間に起こった戦争。イギリス軍の連勝で，清は屈服。1842 年の南京条約で清はイギリスに香港を割譲した。
南北戦争	1861 ～ 65 年。保護貿易を主張する北部と自由貿易を主張する南部の戦い。州権分立主義の南部の敗北で，連邦制が確立した。奴隷制の廃止。
辛亥革命	1911 ～ 12 年。清朝を打倒し，中華民国を誕生させた革命。1912 年 1 月，孫文は中華民国の臨時大総統になったが，その後密約により，袁世凱が臨時大総統になった。
パリ講和会議	1919 年。第一次世界大戦の戦後処理のために，パリで開かれた講和会議。この結果，同年 6 月，連合軍はドイツとの間にヴェルサイユ条約を結んだ。

歴史

1 前３世紀末に秦が中国を統一した。その後の王朝の変遷として正しいものはどれか。

①漢・隋・唐・宋・元・明・清

②漢・唐・宋・隋・明・元・清

③漢・唐・隋・明・元・宋・清

④漢・宋・唐・隋・元・明・清

⑤漢・隋・宋・唐・明・元・清　　　　　　　　　　　　　　　　（　　）

2 「議会はジェームズ２世の追放を決め、ジェームス２世の娘メアリ２世とその夫ウィリアム３世を共同統治の王として迎えた。」

　上記に該当する出来事はどれか。

①アウクスブルクの和議

②ピューリタン革命

③フランス革命

④名誉革命

⑤七月革命　　　　　　　　　　　　　　　　　　　　　　　　（　　）

丸覚え

メアリー２世とウィリアム３世は権利の章典を発布した。

3 頻出問題 アメリカの南北戦争（1861 ～ 65 年）に関する記述として、誤っているものはどれか。

①南部は奴隷制度の存続を主張した。

②北部は自由貿易を主張した。

③リンカンが奴隷解放宣言を行った。

④北部が勝利し、南部の分離を避けることができた。

⑤南北戦争後、アメリカは産業革命を達成した。　　　　　　　（　　）

4 次のうち、最も古い出来事はどれか。

①アレクサンドロス大王の東方遠征　　②ルターの宗教改革

③ローマ帝国が東西に分裂　　　　　　④カエサルのガリア遠征

⑤イギリスが無敵艦隊撃破　　　　　　　　　　　　　　　　　（　　）

ANSWER-1 ■世界史A

1 **①** **解説** 漢の滅亡後，三国時代に突入，晋（西晋）が 280 年に中国を統一したものの短期間で崩壊した。その後，五胡十六国時代などが続いたが，589 年に隋の文帝が中国を統一した。

2 **④** **解説** ①ドイツではルター派とカトリック派の対立から内乱が発生していたが，1555 年，アウクスブルクの和議により，ルター派の信仰がドイツ北部などを中心に広まった。②ピューリタン革命（1642 〜 49 年）とは，ステュアート朝の絶対王政に対するイギリスの市民革命。オリヴァ＝クロムウェルがチャールズ 1 世を処刑し，共和政を宣言した。③フランス革命（1789 年）は，バスティーユ牢獄襲撃から始まる市民革命で，フランス社会を根底から変革すると同時に全ヨーロッパに影響を及ぼした。④一滴の流血をみることもなく革命が達成されたことから，無血革命ともいう。なお，即位したメアリ 2 世とウィリアム 3 世は，議会の決定した「権利の宣言」を承認，これを「権利の章典」として発布した（1689 年）。⑤シャルル 10 世の反動政治に対してパリの民衆が蜂起し，勝利したのが七月革命（1830 年）。この結果，国王側が敗北し，七月王政が成立した。

3 **②** **解説** ①北部は自由な労働力を必要としたため，奴隷制に反対した。②北部はイギリスの工業から自国の産業を守るためには輸入品に高い関税をかける必要があったため，保護貿易を主張した。これに対して，南部は自由貿易を主張した。③リンカンは 1863 年，奴隷解放宣言を行うことで，戦争の目的を明白なものとした。④と⑤北部が勝利したことで，北部の工業と南部の農業が結びつき，急速に資本主義が発展した。

4 **①** **解説** この種の問題は，その出来事が発生した正確な年を覚えておくことはない。要は，前後関係がおおよそわかればよい。

①アレクサンドロス大王（前 356 〜前 323）は，全ギリシアを征服後，東方遠征を始め，東はインダス川に達する大帝国を建設した。②ルターは，教皇レオ 10 世の贖宥状（免罪符）販売に反対し，95 か条の論題を発表した（1517 年）。③ローマ帝国は 395 年に東西に分裂し，西ローマ帝国は 476 年に滅亡した。④カエサル（前 100 頃〜前 44）の著書『ガリア戦記』は古ゲルマンに関する貴重な資料である。⑤スペインの無敵艦隊（アルマダ）が 1588 年，イギリス海軍に撃破され，スペイン没落の原因となった。

歴史

1　「民主党出身の第 32 代大統領である。世界恐慌の際，ニューディール政策を実行した。アメリカ史上初の 4 選に輝いた。」

上記に該当する人物は誰か。

① ワシントン

② ジェファソン

③ セオドア＝ローズヴェルト

④ トルーマン

⑤ フランクリン＝ローズヴェルト　　　　　　　　　　　　（　　）

2　頻出問題　Ａ～Ｅの出来事を年代の古い順に並べたものはどれか。

　Ａ　フランス革命

　Ｂ　ペルシア戦争

　Ｃ　百年戦争

　Ｄ　アメリカ独立戦争

　Ｅ　ペロポネソス戦争

① Ｂ － Ｅ － Ｃ － Ｄ － Ａ

② Ｂ － Ｅ － Ｄ － Ａ － Ｃ

③ Ｅ － Ｂ － Ｃ － Ａ － Ｄ

④ Ｅ － Ｂ － Ｃ － Ｄ － Ａ

⑤ Ｅ － Ｂ － Ｄ － Ａ － Ｃ　　　　　　　　　　　　　（　　）

3　次は中国王朝に関する記述である。このうち，唐に関するものはどれか。

① マルコ＝ポーロが皇帝に仕えた。

② 始皇帝が，万里の長城を大修築した。

③ 蔡倫によって紙が発明された。

④ 華北と江南とを結ぶ大運河を完成させた。

⑤ 均田制，租庸調制，府兵制が確立された。　　　　　　（　　）

ANSWER-1 ■世界史A

1 ⑤ **解説** ①ワシントンはアメリカの初代大統領で，建国の父と呼ばれる。②ジェファソンはアメリカ第3代大統領で，独立宣言の起草者である。③セオドア＝ローズヴェルト大統領は，日露戦争の際，日本とロシアの仲介を行い，アメリカ東海岸のポーツマスで講和会議を開催した。④トルーマン大統領は1947年，トルーマン＝ドクトリン（共産主義の封じ込め政策）を発表した。この結果，資本主義陣営（西側）と社会主義陣営（東側）の対立がきびしくなった。⑤ニューディール政策では，労働者や農民を保護し，彼らの所得を増加するための政策が次々に実行された。なお，セオドア＝ローズヴェルトは妻の伯父にあたる（自身は遠縁）。

2 ① **解説** A：フランス革命(1789年)は，バスティーユ牢獄襲撃から始まった市民革命で，フランス社会を根底から変革したと同時に全ヨーロッパに影響を及ぼした。B：ペルシア戦争(前500～前449)は，アケメネス朝ペルシアとギリシアの戦い。ペルシア軍は3回にわたりギリシアに遠征したが，結局，迎え撃ったギリシアの勝利に終わった。C：百年戦争(1339～1453年)とは，フランスのフランドル地方の支配をめぐるイギリスとフランスの戦い。戦闘はイギリスが優勢であったが，ジャンヌ＝ダルクの出現で形勢が逆転した。D：アメリカ独立戦争(1775～1783年)とは，イギリス本国の重商主義政策に反対した13植民地が独立戦争を起こしたもので，1776年には独立宣言を出した。E：ペロポネソス戦争(前431～前404)とは，デロス同盟の盟主であるアテネとペロポネソス同盟の盟主であるスパルタとの戦いのことで，スパルタが勝利した。ここで覚えておくことは，世界史に登場するのは「ローマよりギリシアの方が早い」ということ。

3 ⑤ **解説** ①マルコ＝ポーロは1271年中央アジアを経て大都に達し，元のフビライ＝ハンに17年仕えた。②秦の政は初めて中国を統一し(前221年)，みずからを始皇帝と称した。③漢には前漢と後漢があるが，紙が発明されたのは後漢の時代である。④大運河は隋の煬帝により完成された。これが原因の1つとなり，隋は約40年で滅んだ。⑤均田制，租庸調制，府兵制の3つが唐の律令制度の基礎となった。

1 次の組み合わせのうち，誤っているものはどれか。
①漢の初代皇帝―――項　羽
②安史の乱―――――安禄山
③元朝の初代皇帝――フビライ＝ハン
④太平天国の乱―――洪秀全
⑤辛亥革命――――――孫　文　　　　　　　　　　　　　　（　　）

2 A〜Eはフランスに関する記述である。正誤の組み合わせとして正しいものはどれか。
　A　フランスの絶対王政はルイ14世のときに最も栄えた。
　B　ナポレオンの登場により，フランス革命は終わった。
　C　ナポレオン後の混乱したヨーロッパの秩序を再建するため，1814年ジュネーヴ会議が開かれた。
　D　七月革命の結果，第二共和政が成立した。
　E　ナポレオン3世はプロイセンと戦い，勝利した。

	A	B	C	D	E
①	○	×	○	×	○
②	○	○	×	○	×
③	○	○	×	×	×
④	×	○	○	×	○
⑤	×	×	○	○	×

（　　）

3 頻出問題 「アメリカ合衆国はヨーロッパ諸国に干渉しないかわりに，ヨーロッパ諸国もアメリカ大陸に干渉してはならない」と宣言したアメリカの大統領は次のうち誰か。
①ワシントン
②リンカン
③ジェファソン
④モンロー
⑤ケネディ

丸覚え
リンカンが1860年に大統領に当選すると，南部諸州がアメリカ合衆国から離脱したため，リンカンは1861年南北戦争に踏み切った。

（　　）

ANSWER-3 ■世界史A

1 **①** 解説 ①漢（前漢）の初代皇帝は劉邦である。劉邦は項羽を垓下の戦い（前202年）で破り，天下を統一した。②安史の乱（755〜763年）とは，唐の時代，玄宗(げんそう)治世の末期に，安禄山(あんろくざん)と史思明(ししめい)が中心となり起こした反乱である。反乱は鎮定されたものの，律令体制は崩れていった。なお，玄宗が楊貴妃(ようきひ)におぼれて政治が乱れたのが反乱の大きな原因である。③チンギス＝ハンの孫であるフビライ＝ハンは，都をカラコルムから大都（現在の北京）に移し，1271年に国号を中国風に元と定めた。なお，チンギス＝ハンはモンゴル帝国の始祖である。④太平天国の乱（1851〜1864年）は，清の末期に起きた洪秀全(こうしゅうぜん)を首領とする反乱である。太平天国の建設を宣言したが，結局，鎮圧された。⑤辛亥革命（1911年）とは，清朝を打倒し，中華民国を成立させた革命である。孫文は臨時大総統になった。

2 **③** 解説 A：正しい。ルイ14世はヴェルサイユ宮殿を建てて，華やかな宮廷生活を展開した。なお，フランス革命が勃発し，1793年，ルイ16世は処刑された。B：正しい。フランス革命の末期，国民的英雄として登場したナポレオンは1804年，人民投票を行い，皇帝の位についた。C：誤り。ジュネーヴではなく，ウィーンで開かれた。ウィーン会議では，ヨーロッパをフランス革命前の状態にもどすことが決められた。つまり，これは自由と平等をおさえつけようというもので，こうした国際秩序をウィーン体制という。D：誤り。七月革命（1830年）とは，シャルル10世の反動政治に対し，パリで民衆が蜂起し，七月王政が成立したことをいう。第二共和政が成立したのは二月革命の後である。二月革命（1848年）とは，七月王政の腐敗政治に対し起こった革命のことで，第二共和政が成立した。これは全ヨーロッパに波及し，ウィーン体制は崩壊した。E：誤り。1848年12月の大統領選挙で勝利したナポレオンの甥ルイ＝ナポレオンは1852年，人民投票で皇帝となり，ナポレオン3世と称した。ナポレオン3世は1870年，プロイセンと戦い，敗北した。

3 **④** 解説 この宣言をモンロー宣言という。モンロー宣言はモンロー大統領が1823年に発表したものであるが，この背景にはヨーロッパ諸国のラテンアメリカで展開されていた独立運動への干渉を阻止するねらいがある。

1 頻出問題 A～Eの出来事を年代の古い順に並べたものはどれか。

A ルネサンス B 無敵艦隊の敗北

C 十字軍の遠征 D インド帝国の成立

E コロンブスの新大陸発見

① A－C－E－D－B

② A－E－C－B－D

③ C－A－E－B－D

④ C－E－A－B－D

⑤ E－A－C－D－B

丸覚え

ヴァスコ＝ダ＝ガマは喜望峰をまわってインド洋を横断し，1498年，インドのカリカットに到着した。

( )

2 頻出問題 「ほぼ西欧世界を統一し，800年，教皇レオ3世から西ローマ帝国の帝冠を授けられた」のは次のうち誰か。

①オットー1世 ②カール大帝

③ユスティニアヌス大帝 ④ピョートル大帝

⑤ニコライ2世 ( )

3 A～Eは第一次世界大戦に関する記述である。正誤の組み合わせとして正しいものはどれか。

A ドイツは3C政策を推進していた。

B 1914年6月，ボスニアの首都サライェヴォで，オーストリアの帝位継承者夫妻がセルビアの一青年に暗殺された。

C アメリカは最後まで，第一次世界大戦に参戦しなかった。

D 第一次世界大戦中，ロシア革命が起きた。

E 1919年6月，連合軍とドイツとの間で，ヴェルサイユ条約が調印された。

	A	B	C	D	E			A	B	C	D	E
①	○	×	○	○	×		②	○	○	×	×	○
③	×	○	○	○	×		④	×	○	×	○	○
⑤	×	○	×	×	○							

( )

ANSWER-4　■世界史Ａ

1 ❸ **解説**　Ａ：ルネサンスとは，中世において支配的であったキリスト教中心の考え方からはなれ，自然や人間をありのままに見ようとする人間中心の文化運動のことで，14世紀にイタリアで始まり，その後ヨーロッパ各地に広まった。ルネサンスが起こった背景としては，十字軍の失敗によるローマ教会の権威の低下がある。このほかには，十字軍の遠征以来，東方貿易が発達し，イスラム文化などに接触したことが挙げられる。Ｂ：スペインは，コロンブスの新大陸の発見以来，新大陸の金・銀を独占するとともに，東洋にも植民地をもち，「太陽の没することのない帝国」といわれた。しかし，1588年の無敵艦隊（アルマダ）の敗北で，衰退することとなった。Ｃ：11世紀になると，セルジューク朝がキリスト教の聖地イェルサレムを占領し，キリスト教徒を迫害していた。そこで，ローマ教皇のウルバヌス２世の提唱によりイェルサレムを取りもどすため十字軍が結成された。十字軍は約200年間で合計７回送られたが，結局失敗に終わった。Ｄ：インド帝国とは，イギリス国王を皇帝として，イギリス政府がインドを直接統治した時代のインドの呼称。1877年，ヴィクトリア女王が皇帝となり，インド帝国が成立した。Ｅ：コロンブスは1492年，スペイン女王の援助をうけ，西インド諸島に到着した。しかし，コロンブスは死ぬまで，そこをインドだと考えていた。

2 ❷ **解説**　①オットー１世（912～973年）は初代神聖ローマ帝国皇帝である。神聖ローマ帝国は，ローマ帝国の伝統とキリスト教の権威を結びつけたドイツ人の国家である。③ユスティニアヌス大帝はビザンツ帝国最大の皇帝で，北アフリカやイタリアなどの旧ローマ帝国領を回復した。④ピョートル大帝（1672～1725年）はロシアの絶対主義を確立した皇帝で，北方戦争（1700～21年）によりスウェーデンからバルト海東岸を獲得した。⑤ニコライ２世（1868～1918年）は帝政ロシア最後の皇帝である。

3 ❹ **解説**　Ａ：誤り。ドイツは３Ｂ政策（ベルリン～ビザンティウム（イスタンブール）～バグダードを結ぶ地域を支配しようとする政策），イギリスは３Ｃ政策（ケープタウン～カイロ～カルカッタを結ぶ地域を支配しようとする政策）をそれぞれ推進した。Ｂ：正しい。Ｃ：誤り。アメリカは中立を保っていたが，1917年，連合国側に立って参戦した。Ｄ：正しい。この結果，ソ連邦が成立した。Ｅ：正しい。これ以降の国際体制をヴェルサイユ体制という。

1 次の記述のうち，誤っているものはどれか。

①アヘン戦争において，清はイギリスに大敗した。

②モンゴル帝国は 13 世紀後半史上最大の領域となるが，その後，元と
4 ハン国に分裂した。

③ビスマルクは鉄血政策をとって軍備を拡張し，1871 年，ドイツ帝国
を建設した。

④アメリカのフーヴァー大統領は 1918 年，民族自決，国際連盟の設立
などからなる 14 か条を発表した。

⑤第一次世界大戦後，ガンディーは非暴力，不服従をとなえて，イン
ドの独立運動を推進した。　　　　　　　　　　　（　　　）

2 Ａ～Ｅは第二次世界大戦に関する記述である。正誤の組み合わせとし
て正しいものはどれか。

　　Ａ　イタリアでは，ファシスト党のムッソリーニが「ローマ進軍」を
　　　行い，政権をにぎった。

　　Ｂ　ドイツではヒトラーの率いるナチスが台頭し，1934 年にはヒト
　　　ラーは総統になった。

　　Ｃ　1936 年，オーストリアではフランコ将軍がドイツ，イタリアの
　　　支援を受けて反乱を起こした。

　　Ｄ　1945 年 2 月，アメリカのローズヴェルト，イギリスのマクドナ
　　　ルド，ソ連のスターリンが黒海沿岸のヤルタで会談した。

　　Ｅ　1945 年 8 月，日本はポツダム宣言を受諾した。

	Ａ	Ｂ	Ｃ	Ｄ	Ｅ			Ａ	Ｂ	Ｃ	Ｄ	Ｅ
①	○	○	×	×	○		②	○	×	○	×	○
③	×	○	○	○	×		④	×	○	×	○	×
⑤	○	×	×	×	○							

　　　　　　　　　　　　　　　　　　　　　　　　（　　　）

3 　**頻出問題** 1962 年に「キューバ危機」が発生した。このときのアメリ
カ大統領は誰か。

①トルーマン　　　　②レーガン　　　　　③ケネディ

④ジョンソン　　　　⑤ニクソン　　　　　　　　　（　　　）

ANSWER-5 ■世界史A

1 ④ **解説** ①アヘン戦争（1840年）とは，アヘンの密貿易の取り締まりを清が強行したため，イギリスが清に対して行った侵略戦争のこと。イギリスはインドで生産したアヘンを清の領内で売っていた。1842年に南京条約が締結し，清は香港の割譲などを認めた。②領土があまりにも広大になったこともあり，フビライ＝ハンが大ハン位についたのを契機に反乱などが起き，4ハン国（オゴタイ＝ハン国，チャガタイ＝ハン国，キプチャク＝ハン国，イル＝ハン国）に分裂した。ここでは，モンゴル帝国が元と4ハン国に分裂したことを覚えておけばよい。③ビスマルクは1862年，ヴィルヘルム1世のもとでプロイセンの首相に就任した。1870年のプロイセン＝フランス戦争（普仏戦争）でナポレオン3世に大勝し，翌1871年ドイツ帝国を建設し，首相となった。④フーヴァー大統領ではなく，ウィルソン大統領が正しい。国際連盟設立の原案はウィルソンの14か条に基づきパリ講和会議（第一次世界大戦の戦後処理のための講和会議）で採択され，1919年に設立された。⑤ガンディーは「民族の父」と呼ばれている。

2 ① **解説** A：正しい。ムッソリーニは1935年にはエチオピアを侵略した。したがって，「ムッソリーニといえば，ファシスト党，ローマ進軍，エチオピア侵略」と覚えておけばよい。B：正しい。「ヒトラーといえば，ナチス」であるが，このほかに「ミュンヘン会談」を覚えておくとよい。ミュンヘン会談は1938年に開かれたもので，ここでイギリスとフランスはヒトラーに対して宥和政策をとり，ヒトラーの要求通りチェコスロヴァキアのズデーテン地方の併合を認めた。しかし，これがヒトラーを増長させ，第二次世界大戦を引き起こすことになった。C：誤り。フランコ将軍はスペインの軍人である。フランコ将軍は反乱を起こし，それに勝利した。第二次世界大戦では中立を守り，戦後はアメリカに接近，長年にわたり実権をにぎった。D：誤り。マクドナルドではなく，チャーチルが正しい。マクドナルドはイギリスの労働党党首で，1924年，最初の労働党内閣を組織した。なお，チャーチルは『第二次大戦回顧録』で，ノーベル文学賞を受賞した。E：正しい。

3 ③ **解説** 当時のソ連の権力者はフルシチョフ首相。キューバ危機とは，ソ連がキューバにミサイル基地を建設しようとしたことから起こった米ソ間の国際紛争のこと。

1 　頻出問題 第二次世界大戦後に関して述べたものであるが，誤っているものは次のうちどれか。

①オーストリアは 1955 年，永世中立国として独立した。

②毛沢東のひきいる中国共産党が中国全土を支配した。

③1946 年，アメリカとベトナム民主共和国との間で，インドシナ戦争が発生した。

④東ヨーロッパのポーランドなどでは，ソ連の指導の下に社会主義政権が誕生した。

⑤イスラエルとアラブ諸国との間で，中東戦争が起きた。

（　　）

2 　次の Ａ 〜 Ｃ の記述について，正誤の組み合わせとして正しいものはどれか。

　　Ａ　1946 年，ヨーロッパにおける東西対立を「鉄のカーテン」と表現したのはイギリス首相のチャーチルである。

　　Ｂ　1955 年，インドのニューデリーで，第 1 回アジア・アフリカ会議（Ａ・Ａ会議）が開催された。

　　Ｃ　1989 年，冷戦の象徴とされた「ベルリンの壁」が撤廃された。

	A	B	C			A	B	C
①	○	×	×		②	○	×	○
③	○	○	×		④	×	○	○
⑤	×	○	×					

（　　）

3 　頻出問題 第二次世界大戦後に独立した国は次のうちどれか。

①エジプト

②エチオピア

③チェコスロヴァキア

④ハンガリー

⑤インドネシア

丸覚え

マレーシアとビルマ（現・ミャンマー）は第二次世界大戦後，イギリスから独立した。フィリピンは第二次世界大戦後，アメリカから独立した。

（　　）

ANSWER-6　■世界史Ａ

1　**③**　**解説**　①オーストリアは第二次世界大戦中に，ドイツに併合されたが，1955年独立した。②この結果，蒋介石の国民政府は台湾に退いた。③インドシナ半島のうち，ベトナム，ラオス，カンボジアの3国はフランス領であった。1945年，ホー＝チ＝ミンを大統領とするベトナム民主共和国が成立したことで，フランスとの間にインドシナ戦争(1946〜1954年)が起きた。1954年のジュネーヴ協定で休戦が成立し，フランスはベトナムから手を引いた。④ポーランド，ハンガリー，ルーマニアなどで社会主義政権がつくられた。⑤1948年，国連のパレスチナ分割案によりイスラエルが独立した。しかし，アラブ諸国はこれを認めず，同年，第一次中東戦争が勃発した。中東戦争は合計4回起きた。

2　**②**　**解説**　A：正しい。チャーチルは1946年，「北はバルト海のシュチェチンから南はアドリア海のトリエステまで欧州大陸に鉄のカーテンがおろされている」と演説した。なお，東西対立とは，ソ連を中心とする社会主義陣営とアメリカを中心とする資本主義陣営の対立のことである。B：誤り。第1回アジア・アフリカ会議(A・A会議)が開催されたのはインドネシアのバンドンである。ゆえに，この会議をバンドン会議ともいう。また，バンドン会議では平和五原則を発展させた平和十原則が採択された。なお，平和五原則は，1954年にインドのネルー首相と中国の周恩来首相の会談で採択されたものである。その後，アジア・アフリカ諸国は「第三勢力」として国連総会などで大きな発言力を得ることになった。C：正しい。1989年にベルリンの壁が撤廃され，翌1990年には西ドイツが東ドイツを吸収するかたちでドイツ統一がなされた。なお，冷戦(冷たい戦争)とは第二次世界大戦後の米ソ両陣営間の対立をいう。つまり，東西対立のことである。

3　**⑤**　**解説**　①エジプトはイギリスの植民地であったが，第一次世界大戦後(1922年)に独立した。ここでは独立年を覚える必要はなく，第一次世界大戦後か，それとも第二次世界大戦後かの区別ができればよい。②エチオピアは古代以来の独立国で，アフリカ最古の独立国といわれる。③と④バルト三国，ポーランド，チェコスロヴァキア，ハンガリーなどは第一次世界大戦後に独立した。⑤インドネシアはオランダの植民地であったが，第二次世界大戦後独立した。なお，インドはイギリスの植民地であったが，第二次世界大戦後独立した。

2. 日本史 A

■重要人物

水野忠邦	12代将軍家慶(いえよし)の老中となり，天保(てんぽう)の改革を推進し，上知令(じょうち)，株仲間の解散などを実施した。
井伊直弼(なおすけ)	日米修好通商を調印した。安政の大獄を起こして反対派を弾圧，その結果，桜田門外の変で暗殺された。
西郷隆盛	倒幕の中心人物。1873年征韓論を唱え，敗れて参議を辞職した。1877年西南戦争を起こしたが，敗れて自刃した。
伊藤博文	1885年，初代内閣総理大臣に就任した。大日本帝国憲法を起草し，発布に尽力した。
松方正義	西南戦争後の激しいインフレーション対策として，松方財政と呼ばれるデフレ政策を推進した。その後，2回首相となる。
大隈重信	立憲改進党を結成。1898年，大隈を首相，板垣退助を内相とする隈板内閣を組織した。
陸奥宗光	第2次伊藤内閣の外相となり，1894年日英通商航海条約を締結し，治外法権の撤廃に成功した。
桂 太郎	3回首相となる。西園寺公望と交替で首相となったことで，その時代は桂園時代(けいえん)と呼ばれる。
原 敬(たかし)	陸軍・海軍・外務の3大臣以外はすべて立憲政友会員で占めるという，初の本格的政党内閣を組織した。
浜口雄幸	1929年首相となる。緊縮財政と産業合理化により金解禁を実施した。協調外交を推進し，ロンドン海軍軍縮条約に調印した。
吉野作造	国民主権を意味する民主主義とは一線を画する民本主義を唱え，美濃部達吉の天皇機関説とともに大正デモクラシーの理念となった。
吉田 茂	1946年以降，5度首相となる。1951年，首席全権としてサンフランシスコ平和条約に調印し，独立を回復した。
池田勇人	岸内閣の安保闘争による政治的激動のあとを受けて首相となり，国民所得倍増計画を発表した。
佐藤栄作	池田首相の退陣後に首相となり，長期政権を維持した。小笠原返還協定・沖縄返還協定を結んで本土復帰を果たした。

■試験によく出る用語

日米和親条約	1853年のペリー来航により，1854年，幕府がアメリカと結んだ条約。下田，箱館の開港，領事駐在などを定めた。これにより鎖国は破れた。
日米修好通商条約	1858年に幕府とアメリカ総領事ハリスが結んだもの。この条約は，治外法権を認め，関税自主権のない不平等条約であった。後に，治外法権の撤廃は陸奥宗光，関税自主権の回復は小村寿太郎により実現した。
王政復古の大号令	1867年。大政奉還で江戸幕府が滅亡した日，岩倉具視を中心に薩長の倒幕派は政変を決行し，徳川氏を排除し，天皇を中心とする新政府を樹立した。
地租改正	1873年。明治政府が財政的基盤を確立するために行った租税制度・土地制度の変革。
日清戦争	1894〜95年。朝鮮の支配権をめぐる清との戦争。日本が勝利し，下関条約により多額の賠償金を得たが，三国干渉（ロシア・フランス・ドイツ）により遼東半島は返還した。
日露戦争	1904〜05年。満州・韓国をめぐるロシアとの戦争。結果は，両国の事情によりアメリカのセオドア・ローズヴェルト大統領の仲介でポーツマス講和条約が結ばれた。
五・一五事件	1932年。海軍青年将校が中心となって起こしたクーデター事件。この結果，政党内閣は終わり，軍部が急速に台頭した。
二・二六事件	1936年。陸軍将校によるクーデター事件。この事件は軍部ファシズムの出発点となった。
太平洋戦争	1941〜1945年。第二次世界大戦のうち，日本が米・英・中国と戦った戦争。1945年，日本はポツダム宣言を受諾し，無条件降伏した。
サンフランシスコ平和条約	1951年，サンフランシスコ講話会議において，連合国48カ国と結んだ対日講和会議。日本の全権は吉田茂首相。
日米安保条約の改定	1960年。岸信介内閣は安保条約を改定した新安保条約に調印した。
高度成長期	日本経済は1955年頃から急速に成長し，第1次石油ショックが発生する1973年頃まで続いた。
日中関係の改善	1972年，田中角栄内閣は日中共同声明を発表し，中華人民共和国と正式に国交を樹立した。

歴史

1　大政奉還を行ったのは，次のうち誰か。
①徳川慶福
②坂本龍馬
③水野忠邦
④島津久光
⑤徳川慶喜

丸覚え
長州藩の高杉晋作は松下村塾で学び，のちに奇兵隊をつくった。

（　　）

2　A～Eの記述について，正誤の組み合わせとして，正しいものは次のうちどれか。

　A　戊辰戦争とは，鳥羽・伏見の戦いから箱館戦争までの戦いをいう。
　B　西南戦争は，士族の反乱の最大で最後の戦いであった。
　C　地租改正により，課税の基準は地価から収穫高に変更された。
　D　大日本帝国憲法は大久保利通がドイツ系君主憲法を参考として起草し，欽定憲法として発布された。
　E　ペリーに次いでロシアのプチャーチンも再び来航し，幕府との間に日露和親条約を締結した。

	A	B	C	D	E
①	○	○	○	×	×
②	○	○	×	×	○
③	×	○	×	○	○
④	×	×	○	○	×
⑤	○	×	○	○	○

（　　）

3　頻出問題 1911年，関税自主権の完全回復を実現したのは，次のうち誰か。
①岩倉具視
②陸奥宗光
③井上　馨
④小村寿太郎
⑤青木周蔵

ミニ知識
岩倉具視は公家の中で最も激しい倒幕運動を行った。

（　　）

ANSWER-1 ■日本史A

1 ⑤ **解説** 大政奉還とは，政権を朝廷に返上することである。1867年，15代将軍徳川慶喜は大政奉還を行い，武家政治が終わった。

①徳川慶福は紀州藩主であったが，13代将軍徳川家定に子がなかったことで，14代将軍となり，家茂と改名した。1862年和宮と結婚し，公武合体策を推進した。②坂本龍馬は，薩摩藩と長州藩の同盟を成立させた。③水野忠邦は江戸時代末期，天保の改革を実施したが，失敗に終わった。④島津久光は薩摩藩主忠義の父で，江戸からの帰途，生麦事件を起こした。

2 ② **解説** A：正しい。戊辰戦争（1868〜69年），旧幕府軍と新政府軍との一連の戦争のことで，この結果，明治政府の基礎が確立した。鳥羽・伏見の戦いに敗れた徳川慶喜は江戸に逃れ，1868年4月に江戸を開城した。また，1869年5月には，箱館の五稜郭に立てこもった旧幕臣榎本武揚らの軍も降伏した。B：正しい。征韓論に敗れて参議を辞した西郷隆盛は，郷里鹿児島に帰って私学校を建てて子弟の教育にあたっていたが，1877年，弟子たちに押されて西南戦争を起こした。C：誤り。地租改正により，課税の基準は収穫高から地価に変更された。また，物納から金納に変更された。D：誤り。大久保利通の箇所が誤りで，伊藤博文が正しい。大日本帝国憲法は部分的に国民の権利を認めたが，天皇が絶対的な権力をもつものであった。E：正しい。日露和親条約では，下田，箱館に長崎を加えた3港を開港した。また，幕府はイギリス，オランダとも同様の内容の条約を結んだ。

3 ④ **解説** 井伊直弼が大老となり，1858年6月に独断で調印した日米修好通商条約は，治外法権を認め，関税自主権をもたない不平等条約であった。このため，後日，条約改正が重要課題となったが，治外法権は陸奥宗光により1894年，関税自主権は小村寿太郎により1911年，それぞれ改められた。

なお，日米修好通商条約に次いで，オランダ，イギリス，フランス，ロシアとも同様の条約を結んだため，これらをまとめて安政五か国条約という。

歴史

1 次のうち，最も古い出来事はどれか。
①下関条約
②関東大震災
③第一次世界大戦
④日露戦争
⑤二・二六事件

丸覚え
日露戦争の際，日本海海戦でロシアのバルチック艦隊は全滅した。

（　　）

2 **頻出問題** サンフランシスコ平和条約を調印したときの日本全権は誰か。
①西園寺公望
②吉田　茂
③池田勇人
④石橋湛山
⑤岸　信介

丸覚え
西園寺公望は1919年のパリ講和会議に日本全権として出席した。

（　　）

3 次の組み合わせのうち，誤っているものはどれか。
①大隈重信————隈板内閣
②三国干渉————ロシア，イギリス，フランス
③マッカーサー——連合国軍最高司令官
④鳩山一郎————日ソ共同宣言
⑤田中角栄————日中国交正常化

（　　）

4 本格的な政党内閣を初めてつくったのは誰か。
①浜口雄幸
②桂　太郎
③原　敬
④加藤高明
⑤高橋是清

丸覚え
政党内閣制は五・一五事件により終わり，軍部が急速に台頭した。

（　　）

ANSWER-2 ■日本史A

1 ① 解説 ①下関条約（1895年）は日清戦争（1894～95年）の講和条約である。日本の全権は伊藤博文と陸奥宗光。②と③関東大震災は1923年に発生した。第一次世界大戦（1914～19年）の後と覚えておくとよい。④日露戦争（1904～05年）の結果，アメリカのセオドア＝ローズヴェルト大統領の仲介により，ポーツマス講和条約（1905年）が締結された。日本の全権は小村寿太郎，ロシアの全権はウィッテ。⑤二・二六事件（1936年）は陸軍青年将校によるクーデター事件である。

2 ② 解説 ①西園寺公望は1906年と1911年の2度，首相となった。1919年のパリ講和会議の日本全権をつとめた。②吉田茂は5度，首相となった。③池田勇人は1960年に首相となり，国民所得倍増計画を推進した。④石橋湛山は1956年に首相となったが，病気のため，翌年2月総辞職した。⑤岸信介は1957年に首相となり，1960年に日米相互協力及び安全保障条約（新安保条約）に調印した。

3 ② 解説 ①首相に大隈重信，内務大臣に板垣退助が就任したことから，この内閣を隈板内閣という。②ロシア，フランス，ドイツが正しい。下関条約により，日本は清から遼東半島を得た。しかし，日本が遼東半島を領有することは，南下政策を推進していたロシアにとって不都合であったため，ロシアはフランス，ドイツをさそって，日本に遼東半島の返還を求めた。これを三国干渉という。③1945年8月，日本の降伏で，マッカーサーは日本占領の連合国軍最高司令官となった。④鳩山一郎は1954年に首相となり，1956年に日ソ共同宣言に調印した。これにより，日ソの国交は回復し，日本の国連加盟が認められた。⑤日中の国交正常化を果たしたのは田中角栄首相であり，日中平和友好条約を締結したのは福田赳夫内閣である。

4 ③ 解説 ①浜口雄幸内閣は1929年に成立し，金輸出解禁を断行した。②桂太郎は3回，西園寺公望と交替で首相となり，桂園時代と呼ばれた。③原内閣は，陸相・海相・外相を除く全閣僚が立憲政友会会員からなる政党内閣であった。④第二次護憲運動の結果，1924年，加藤内閣が成立した。⑤高橋是清は1936年の二・二六事件のとき，射殺された。

歴史

1 頻出問題 次に □ に該当するものを下から選びなさい。

「農村の窮乏と飢饉のために，民衆の不満が高まっていた。□ は「救民」の旗を掲げ，子弟とともに乱を起こした。乱は直ちに鎮圧されたが全国に伝わり，各地に一揆や乱が相次いだ。」

①間宮林蔵

②渡辺華山

③幸徳秋水

④大塩平八郎

⑤新渡戸稲造

丸覚え

幕府は渡辺華山，高野長英らの蘭学者を捕え，厳しく処罰した。これを蛮社の獄という。

（　）

2 1930年1月，金輸出解禁（金解禁）を断行した内閣は，次のうちどれか。

①高橋是清内閣

②田中義一内閣

③若槻礼次郎内閣

④斎藤　実内閣

⑤浜口雄幸内閣

丸覚え

五・一五事件の直後，斎藤実海軍大将が組閣した。

（　）

3 頻出問題 第二次世界大戦後の出来事を古いものから順に並べたとき，次のうち正しいものはどれか。

　A　アメリカが北ベトナムへの爆撃を開始した。

　B　ロッキード事件が発生する。

　C　日中平和友好条約が調印される。

　D　沖縄返還協定が調印される。

① A－B－C－D　　② A－C－B－D

③ A－D－B－C　　④ B－A－C－D

⑤ B－A－D－C

（　）

ANSWER-3 ■日本史Ａ

1 **④** **解説** 大塩平八郎の乱に関する記述である。大塩平八郎は大坂東町奉行所与力をつとめていたが，37歳で引退し，私塾洗心堂を開いた。1836年の天保の大飢饉の際，大塩は町奉行所に救済を願ったが聞き入れられなかったため，一揆を起こした。

①間宮林蔵は江戸時代後期の探検家で，樺太が島であることを確認した。なお，樺太(サハリン島)とユーラシア大陸との間にある海峡を間宮海峡という。②渡辺華山は江戸時代後期の洋学者，画家で，幕府の方針を批判したため，1838年蛮社の獄で捕えられた。③幸徳秋水は明治時代の社会主義者で，1910年，大逆事件の主謀者として検挙され，死刑に処せられた。⑤新渡戸稲造は明治・大正時代の教育者で，日本の教育界に大きな影響を与えた。

2 **⑤** **解説** 金輸出解禁(金解禁)とは，輸入品の代金支払いなどのために金貨または金地金の輸出を自由に行うことを認めることをいう。第一次世界大戦が終結しヨーロッパ経済が復興すると，日本の輸出は激減し，戦後恐慌，さらには金融恐慌が発生した。浜口内閣は現状を打開するため，1930年1月に金解禁を断行したが，1929年10月のウォール街の株価暴落に端を発した世界恐慌により，日本経済は不況の極に達した。

3 **③** **解説** A：アメリカが北ベトナムへの爆撃(北爆)を含む大規模な軍事介入を始めたのは1965年である。しかし，ベトナム戦争が長期化したことでアメリカ国内にも反戦気運が高まり，1973年米軍の撤退が始まり，1975年4月30日サイゴンが陥落した。なお，佐藤内閣が池田内閣の退陣を受けて成立したのが1964年11月であるので，佐藤内閣成立後すぐに北爆が開始されたと覚えておけばよい。B：ロッキード事件が発生したのは1976年で，三木内閣のときである。三木首相はロッキード事件の本格的捜査を指示した。C：日中平和友好条約の締結は三木内閣退陣後に成立した福田内閣のときである。D：沖縄返還協定の調印は佐藤内閣の末期である。

1 条約名と全権の組み合わせとして，正しいものはどれか。

（条約名）	（全権）
①天津条約	松方正義
②下関条約	大隈重信
③ポーツマス条約	小村寿太郎
④パリ講和条約	桂　太郎
⑤サンフラシスコ条約	佐藤栄作　　　　（　　）

2 A～Dの記述について，正誤の組み合わせとして正しいものは次のうちどれか。

　A　板垣退助は1874年民撰議院設立の建白書を政府に提出し，自由民権運動を展開した。

　B　明治十四年の政変が起こり，政府内部の反対派井上馨が辞職させられた。

　C　1881年に新しく大蔵卿に就任した松方正義は本格的な紙幣整理に着手するとともに，軍事費以外の歳出を徹底的に緊縮するなどいわゆるインフレ政策を推進した。

　D　1881年，板垣退助を総理として自由党が結成されると，翌1882年には大隈重信を党首として立憲改進党が結成された。

	A	B	C	D			A	B	C	D
①	○	×	○	×		②	○	×	×	○
③	○	○	×	×		④	×	×	○	○
⑤	×	○	○	○						

　　　　　　　　　　　　　　　　　　　　　　　　　　（　　）

3 頻出問題 第二次世界大戦後の日本に関する記述として，次のうち正しいものはどれか。

①1946年12月，資材と資金を石炭・鉄鋼などの重要産業部門に集中させるドッジ＝ラインの採用が決定した。

②1955年11月，日本民主党と自由党が合流して自由民主党が結成され初代総裁に吉田茂が選出された。

③日ソ国交正常化にともない，1956年12月，日本の国連加盟が実現した。

④池田内閣は日韓基本条約を結び，韓国との国交を樹立した。

⑤1965年には，湯川秀樹に次いで江崎玲於奈がノーベル物理学賞を受賞した。

　　　　　　　　　　　　　　　　　　　　　　　　　　（　　）

ANSWER-4 ■日本史A

1 ③ **解説** ①天津条約は，1884年に発生した甲申事変（こうしん）の講和条約であり，日本の全権は伊藤博文，清の全権は李鴻章である。②下関条約は日清戦争の講和条約で，日本の全権は伊藤博文と陸奥宗光，清の全権は李鴻章である。③ポーツマス条約は日露戦争の講和条約で，日本の全権は小村寿太郎，ロシアの全権はウィッテである。④パリ講和条約は第一次世界大戦の講和条約で，日本の全権は西園寺公望である。⑤サンフランシスコ条約は第二次世界大戦の講和条約で，日本の全権は吉田茂である。「日本の全権吉田茂」については，繰り返し出題されるので必ず覚えておこう。

★甲申事変……朝鮮国内の改革勢力である独立党は日本軍の援助のもとに政権をとろうとクーデターを起こしたが，清国の派兵により失敗した。この事件で日清関係はさらに悪化し，それを打開するため天津条約が結ばれた。

2 ② **解説** A：正しい。初期の自由民権運動は藩閥官僚の専制を批判し，主に国会の開設を要求した。1881年，10年後に国会が開かれることが決まると，板垣は自由党をつくり総理となった。B：誤り。明治十四年の政変により，辞職させられたのは大隈重信である。この結果，伊藤博文・井上馨らを先頭とした長州閥の勢力が増大した。C：誤り。軍事費以外の歳出を徹底的に緊縮するということは，インフレ政策ではなく，デフレ政策である。また，こうしたデフレ政策を松方財政という。D：正しい。自由党は旧士族と農村の地主，立憲改進党は都市の実業家や知識人層に支持された。

3 ③ **解説** ①ドッジ＝ラインは誤りで，傾斜生産方式が正しい。ドッジ＝ラインとは，GHQの経済顧問ドッジによる日本の経済安定計画のことで，悪性インフレの収束などを狙いとした。②吉田茂ではなく，鳩山一郎が正しい。この結果，55年体制（与党は自由民主党，野党第1党は日本社会党が占める体制）が成立した。③ソ連は日本の国連加盟を拒否していたが，日ソ国交正常化にともない，日本の国連加盟を支持した。④日韓基本条約が締結されたのは佐藤内閣のときである。⑤ノーベル物理学賞は，1949年に湯川秀樹，1965年に朝永振一郎，1973年に江崎玲於奈が受賞した。

1　A～Dは明治時代に関する記述であるが，正しいものをすべて挙げた組み合わせはどれか。

　　A　政府は，フランスの製糸技術を取り入れ，フランス人技師の指導のもと，1872年，官営模範工場として富岡製糸場を設立した。

　　B　1872年，前島密らが中心となって国立銀行条例を定めたことで，1879年には国立銀行は153行にも達した。

　　C　明治六年の政変により，征韓派の西郷隆盛，板垣退助，江藤新平らの参議が辞職した。

　　D　1874年，政府はロシアとの間で樺太・千島交換条約を結び，樺太をロシア領，千島全島を日本領とすることとした。

　　① A，B　　　　　　② A，C
　　③ B，D　　　　　　④ A，C，D
　　⑤ B，C，D　　　　　　　　　　　　　　　　　（　　）

2　頻出問題　次のA～Dのうち，パリ講和会議から第二次世界大戦勃発までの間の出来事の組み合わせとして，正しいものはどれか。

　　A　盧溝橋事件が発生する。

　　B　イギリス，フランス，ロシアの間で三国協商が締結される。

　　C　袁世凱政府に対し，二十一カ条の要求を行う。

　　D　ワシントン会議が開催される。

　　① A，B　　　　　② A，C　　　　　③ B，C
　　④ B，D　　　　　⑤ A，D　　　　　　　　　　（　　）

3　1945年2月，クリミア半島のヤルタで首脳会談が行われたが，その構成国として正しいのは次のうちどれか。

　　①アメリカ，イギリス，フランス　　　②アメリカ，イギリス，ソ連
　　③アメリカ，フランス，ソ連　　　　　④アメリカ，ソ連，中国
　　⑤アメリカ，イギリス，中国

　　　　　　　　　　　　　　　　　　　　　　　　　（　　）

ANSWER-5 ■日本史Ａ

1 **④** **解説** Ａ：正しい。当時，日本の貿易収支は赤字であったため，これを解消する手段として製糸業の競争力アップが強く求められた。Ｂ：誤り。国立銀行条例は伊藤博文，渋沢栄一らが中心になって発布されたものである。前島密は西洋式の官営の郵便制度をつくるのに貢献した。Ｃ：正しい。岩倉使節団の留守を預かる政府内には，難航する朝鮮との国交樹立交渉を武力で打開しようという，いわゆる征韓論が強まっていたが，欧米から帰国した岩倉具視，大久保利通らは内務の整備を優先すべきであるとして反対した。このため，西郷，板垣ら５参議が辞職した。これを明治六年の政変という。Ｄ：正しい。また，琉球は長く薩摩藩の支配下にあったが，名目上は清が宗主国であったため，日清間の交渉は難航したが，1879年廃藩置県を断行して沖縄県を置いた。

2 **⑤** **解説** Ａ：1937年７月，北京郊外の盧溝橋付近で日中両軍の小衝突が発生した。これを盧溝橋事件というが，紛争は一時おさまった。しかし，その後，両軍は全面的な戦闘に突入し，日中戦争が勃発した。Ｂ：第一次世界大戦前のヨーロッパでは，三国同盟と三国協商の２つの陣営に分かれて対立していた。三国同盟は，1882年にドイツ，オーストリア，イタリア３国で締結された相互防衛条約である。一方，三国協商は露仏同盟にイギリスが加わった（1904年に英仏協商，1907年に英露協商）もので，これによりヨーロッパの勢力均衡が保たれた。Ｃ：日本は日中間の懸案事項を一挙に解決するため，第一次世界大戦中の1915年，中華民国大総統袁世凱に二十一カ条の要求を行った。中国では袁世凱がこの要求を受け入れた５月９日を国恥記念日とし，排日運動が強まった。Ｄ：ワシントン会議とは，1921年11月〜1922年２月，ワシントンで開かれた国際会議のこと。この会議において，四カ国条約，九カ国条約，ワシントン海軍軍縮条約が結ばれた。この結果，イギリスとアメリカは日本の進出阻止に成功した。

3 **②** **解説** ヤルタ会談には，アメリカのＦ・ローズヴェルト大統領，イギリスのチャーチル首相，ソ連のスターリン書記長が出席した。ドイツの戦後処理の方針を決定するとともに，ドイツ降伏から２〜３カ月後のソ連の対日参戦などの秘密協定が結ばれた。また，1945年７月には，アメリカのトルーマン大統領，イギリスのチャーチル首相（途中でアトリー首相と交代），ソ連のスターリン書記長がベルリン郊外のポツダムで会談をした。

歴史

3. 地理 A

ここがポイント❶

■海岸の地形

リアス式海岸………	海に面した山地が沈水してできたもので，入り江と岬がのこぎりの歯のように出たり入ったりしている海岸。(例) 三陸海岸，志摩半島，若狭湾など
フィヨルド………	氷河の侵食によりできたU字谷(氷食谷)が沈水してできたもので，狭くて深く，奥行きが長い。(例) ノルウェー北西岸，グリーンランドなど
三角江………	河口が沈水して，ラッパ状に開いたもの。(例) テムズ川，エルベ川，セーヌ川など

■熱帯と温帯の気候区分

熱帯気候	熱帯雨林気候(Af)	年中多雨で，午後にはスコールがある。また，年中高温で，年較差より日較差の方が大きい。(例) シンガポール，コロンボ
	弱い乾季のある熱帯雨林気候(Am)	1年は雨季と弱い乾季に分かれる。弱い乾季はモンスーン(季節風)の影響によるものである。熱帯雨林気候とサバンナ気候の間に分布する。
	サバナ気候(Aw)	高温で，雨季と乾季が交代する。疎林や低木が点在する熱帯草原(サバナ)が形成される。(例) バンコク，コルカタ
温帯気候	地中海性気候(Cs)	夏は高温で乾燥し，冬は偏西風の影響により温暖で雨が多い。オリーブなどの果樹栽培に適している。(例) ローマ，ケープタウン
	温暖冬季少雨気候(Cw)	モンスーンの影響で，夏は高温多雨，冬は少雨になる。温帯夏雨気候とも呼ばれる。(例) ホンコン，チンタオ
	温暖湿潤気候(Cfa)	四季の変化が明瞭で，気温の年較差が大きい。著しい乾季がない。温帯湿潤気候とも呼ばれる。(例) ニューオーリンズ，ブエノスアイレス
	西岸海洋性気候(Cfb·Cfc)	夏は高緯度のため冷涼で，冬は偏西風と海流の影響で緯度のわりに温暖である。(例) ロンドン，パリ

■図法

　図法(地図投影法)を使用目的により分類すると，正積図法，正角図法，正距図法，方位図法，その他の図法に分けることができる。

●正積図法

サンソン図法	緯線は等間隔の平行線で，経線は中央経線を除きすべて正弦（サイン）曲線。高緯度はひずみが著しい。
モルワイデ図法	サンソン図法を改良したもので，緯線は高緯度ほど間隔を狭くし，経線は楕円である。

[サンソン図法]

[モルワイデ図法]

●正角図法

メルカトル図法	経線・緯線は互いに直交する平行線。等角航路が直線で示される。海図図法ともいう。

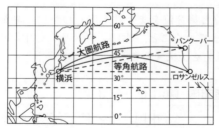

[メルカトル図法]

- **大圏航路**……大圏コース，大円航路ともいい，地表の2点間の最短コースである。地球は球体であるので大圏航路はすべて円弧となり，航空機の飛行ルートとして重要である。
- **等角航路**……等角コースといい，任意の2点間を結ぶとき，必ず経線と一定の角度で交わるように引いた線である。経線は実際には平行でないので曲線となるが，メルカトル図法では等角航路が直線で示される。

地理

■地図記号

　地図記号は，それぞれの形を図案化したものが多い。たとえば，神社は鳥居，工場は歯車，茶畑は茶の実を図案化している。

开	神　社	⊕	病　院	⊡	田（水田）
⊗	警察署	⊤	郵便局	⊙	果樹園
文	小・中学校	◎	市役所	∴	茶　畑
☼	工　場	☼	灯　台	⊙	広葉樹林
卍	寺　院	⊡	水準点	⊥	荒　地

■農産物の主要生産国（第1位〜第5位） （2019年）

米	中国，インド，インドネシア，バングラデシュ，ベトナム
小麦	中国，インド，ロシア，アメリカ，フランス
とうもろこし	アメリカ，中国，ブラジル，アルゼンチン，ウクライナ
大豆	ブラジル，アメリカ，アルゼンチン，中国，インド

　（覚え方）第1位と第2位をまず覚える。しかし，調査年により多少順位が変動すると思っておくこと。次に，アメリカと中国の順位だけに着目し，自分なりに覚え方を工夫すること。

■鉱物資源の主要産出国（第1位〜第3位） （　）は調査年

石炭（2018）	中国，インド，インドネシア
原油（2020）	アメリカ，ロシア，サウジアラビア
天然ガス（2018）	アメリカ，ロシア，イラン
鉄鉱石（2018）	オーストラリア，ブラジル，中国
ボーキサイト（2018）	オーストラリア，中国，ギニア
ダイヤモンド（2018）	ロシア，ボツワナ，カナダ
金鉱（2017）	中国，オーストラリア，ロシア
銀鉱（2017）	メキシコ，ペルー，中国
銅鉱（2018）	チリ，ペルー，中国

■地域別世界人口の推移

（単位：百万人）

	1960	1980	1990	2000	2010	2020	人口増加率 (2019~20) (%)
アジア	1705	2650	3226	3741	4210	4641	0.86
アフリカ	283	476	630	811	1039	1341	2.49
ヨーロッパ	605	694	721	726	736	748	0.06
北アメリカ	205	254	280	312	343	369	0.62
ラテンアメリカ	220	361	443	522	591	654	0.90
オセアニア	16	23	27	31	37	43	1.30
世界計	3035	4458	5327	6143	6957	7795	1.05

（注）各年7月1日現在の推計人口
出所：『世界国勢図会』（2021/22）公益財団法人　矢野恒太記念会

■人口ピラミッド

富士山型 （ピラミッド型）	年齢の若い層ほど人口が多く，高年齢になるにつれて減少する。多産多死型で平均寿命が短い。人口急増型。
つりがね型	出生率が低下し，幼少年齢層と青壮年齢層の比率がほぼ同じ。少産少死型で，老齢人口の比率が大きい。人口停滞型。
つぼ型	出生率が大きく低下し，幼少年齢層が青壮年齢層より少ない。人口減少型。
ひょうたん型	青壮年齢層の少ない型。農村の生産年齢層が都市に流出することでこの型になる。
星　型	生産年齢層の多い型。大都市や工業都市に若年層が多数流入することでこの型になる。

富士山型

つりがね型

つぼ型

ひょうたん型

星形

1 【頻出問題】次の（　　）に該当するものを下から選びなさい。

氷河にけずられたＵ字型の谷に海水が入り込んでできた細長い湾を（　　）という。

①三角江

②リアス式海岸

③沈水海岸

④フィヨルド

⑤海岸段丘

CHECK

沈水海岸とは海岸の沈降などで形成されたもので，リアス式海岸，三角江，フィヨルドなどがある。

（　　）

2 「国家の三要素」の組み合わせとして正しいものは，次のうちどれか。

①領土，領海，領空

②領域，国民，主権

③領土，領海，経済水域

④領域，国民，国境

⑤領域，国境，主権

（　　）

3 次の（　　）に該当するものを下から選びなさい。

経度は，（　　）を通る本初子午線が0度で，東西に180度ずつある。

①ロンドン　　　②ニューヨーク　　　③パリ

④北　京　　　⑤ベルリン

（　　）

4 「南米南部共同市場のことで，ブラジル，アルゼンチンなどによる地域経済統合である。」

上記に該当するものは次のうちどれか。

① EU

② ASEAN

③メルコスール

④ APEC

⑤ OPEC

丸覚え

EUは欧州連合（ヨーロッパ連合）のことで，本部はブリュッセルにある。

（　　）

5 「新興工業経済地域のことで，発展途上国のうち，20世紀後半から急速に工業化を推進した国や地域を総称している。」

　上記の記述に当てはまるものは次のうちどれか。

① WTO

② FTA

③ EPA

④ NIES

⑤ BRICS

ミニ知識

BRICSのメンバーはいずれも豊富な天然資源をもっている。

(　　)

ANSWER-1　■地理A

1 ④　**解説**　「氷河」と「細長い湾」からフィヨルドとわかるはず。「○○といえば××」という調子ですべて覚えていこう。なお，「U字型の谷」とはU字谷（氷食谷）のことである。

　三角江ついては「河口がラッパ状」，リアス式海岸については「海に面した山地が沈水」と覚えておけばよい。海岸段丘は，海岸で，かつての浅い海底が隆起したものである。

2 ②　**解説**　領域とは，その国の主権が及ぶ範囲のことで，陸では領土，海では領海，領土と領海の上空を領空という。主権とは国が他の国に支配されない権利のことである。国民とは，国籍をもち，国家を成立させている人間の集団をいう。

3 ①　**解説**　子午線とは北極と南極を結んだ線のことで，同じ経度をあらわし，経線と呼ばれる。わが国の場合，兵庫県明石市を通る東経135度の経線が標準時子午線となっている。なお，緯度については，赤道が0度で，南北に90度ずつある。

4 ③　**解説**　②ASEAN（東南アジア諸国連合）の加盟国は現在10か国で，ASEAN10と呼ばれる。③メルコスールは，ブラジル，アルゼンチン，ウルグアイ，パラグアイ，ベネズエラ，ボリビアで構成されている。チリ，コロンビアなどは準加盟国。④APEC（アジア太平洋経済協力）。⑤OPEC（石油輸出国機構）。

5 ④　**解説**　①WTO（世界貿易機関）。②FTA（自由貿易協定）。③EPA（経済連携協定）。⑤BRICSは，経済発展が著しいブラジル，ロシア，インド，中国，南アフリカ共和国のこと。

地
理

1 頻出問題 「偏西風と暖流の影響により，気温の年較差が小さい，降水量は年間を通して安定している。」

これに該当する気候区はどれか。

①温暖冬季少雨気候　　　　②サバナ気候

③西岸海洋性気候　　　　　④地中海性気候

⑤温暖湿潤気候　　　　　　　　　　　　　　　　　　（　　）

2 頻出問題 次の地図記号の意味として誤っているものはどれか。

① Y ── 消防署

② ∴ ── 史跡・名勝・天然記念物

③ ⚓ ── 記念碑

④ ⌄⌄ ── 畑・牧草地

⑤ ＹＹ ── 桑畑　　　　　　　　　　　　　　　　　　（　　）

3 下の □ に該当するものはどれか。

「□ は最も肥沃な土壌で，ロシア平原〜ウクライナにかけて分布する黒色土である。」

①ラトソル　　　　　　　②ポドゾル

③レグール　　　　　　　④テラロッサ

⑤チェルノーゼム　　　　　　　　　　　　　　　　　（　　）

4 頻出問題 「等角航路が直線で示されるため，海図として利用される。」

これに該当する図法はどれか。

①モルワイデ図法　　　②グード図法　　　③サンソン図法

④ボンヌ図法　　　　　⑤メルカトル図法　　　　　　（　　）

5 沖積平野のうち，河口付近の堆積平野を何というか。

①扇状地　　　　　　　②三角州

③自然堤防　　　　　　④後背湿地

⑤河岸段丘　　　　　　　　　　　　　　　　　　　　（　　）

6 頻出問題 「国連海洋法条約においては，領海は（　A　）カイリ，経済水域は（　B　）カイリ，と認められている。」

（　　）にあてはまるものの組み合わせとして正しいものはどれか。

	A	B		A	B		A	B
①	3	50	②	3	100	③	3	200
④	12	100	⑤	12	200			（　　）

ANSWER-2　■地理A

1 ❸ 解説 西岸海洋性気候と地中海性気候の違いの1つは，地中海性気候の場合，夏は乾燥するということ。なぜなら，地中海性気候の場合，夏には亜熱帯高圧帯の支配下に入る。

2 ❸ 解説 ⚓は漁港。記念碑は ∏。これらのほかに覚えておきたいのは，☼ 発電所・変電所，⊗ 高等学校，⌂ 城跡，△ 三角点，⟦∧∧⟧ 針葉樹林である。

3 ❺ 解説 ①ラトソル（ラテライト性赤色土）は，湿潤な熱帯雨林の下にある赤色のやわらかい土壌である。②ポドゾルは，タイガ地方に典型的に発達する灰白色の土壌である。③レグールは，デカン高原に分布する玄武岩などが風化した黒色の土壌である。④テラロッサは，石灰岩が風化した赤橙色の土壌である。

4 ❺ 解説 等角航路とは，地球上の一点から他の地点に行くのに常に，経線と一定の角度で交わりながら進む航路のことである。ここでいう角とは，経線を基準に北から時計まわりにはかった角度のことである。これに対して，方位とは東西南北の方向のことである。方位の正しい図法は2点間の最短コースである大圏航路があらわせるので，航空用の地図として利用される。ここでは，「等角航路といえば，メルカトル図法」と覚えておけばよい。

5 ❷ 解説 沖積平野は河川の堆積作用によって形成された平野で上流から下流に向かって扇状地，自然堤防，後背湿地，三角州（デルタ）が形成される。

6 ❺ 解説 領海とは，海面に面している沿岸国の主権の及ぶ海域のことである。また，経済水域とは，水産資源や海底資源を沿岸国が排他的に管理することをねらいとして設定した水域のこと。

1　長年にわたりカシミール地方の帰属をめぐって対立している国は，次のうちどこか。

①インドとパキスタン　　　②中国とパキスタン

③インドと中国　　　　　　④中国とバングラデシュ

⑤インドとバングラデシュ　　　　　　　　　　　　　（　　）

2　海に面していない国はどこか。

①ミャンマー

②コロンビア

③スペイン

④アフガニスタン

⑤イラン

参　考

海に囲まれている国は，日本，イギリス，フィリピン，インドネシア，キューバなど。

（　　）

3　頻出問題 「北はカスピ海，南はペルシア湾にのぞんでいる。1979年に王制が崩壊し，イスラム共和国として出発した。」

上記に該当する国はどれか。

①イラク　　　　②イラン　　　　③クウェート

④パキスタン　　⑤トルコ　　　　　　　　　　　　　（　　）

4　頻出問題 東南アジアの国の説明として，正しいものはどれか。

①シンガポールは，東南アジアの金融センターの役割を果たしている。

②マレーシアはインドシナ半島中央部に位置し，多民族国家である。

③タイは国土の中央部にエーヤワディー川（イラワジ川）が流れ，米作地帯となっている。

④インドネシアは鉱物資源に恵まれ，ルックイースト政策により工業化を推進した。

⑤カンボジアはイスラム教国で，米を中心とする農業国である。

（　　）

5 次の記述に最も関係のある国はどこか。

環太平洋造山帯の一部をなす北島と南島からなる。自然条件に恵まれた農業先進国で，酪農，畜産が盛んである。

①サモア　　　②トンガ　　　③ナウル

④ニュージーランド　　　⑤オーストラリア　　　（　　）

ANSWER-3　■地理A

1 **①** **解説** 1947年インド・パキスタンの分離独立に際し，ヒンドゥー教徒のカシミール藩王国の王はインドへの帰属を決めた。しかし，カシミール地方の住民の大半はイスラム（イスラーム）教徒であったので，その帰属をめぐってインドとパキスタンの間で紛争が発生し，現在も続いている。なお，カシミール地方の北東部の一部は中国が支配している。

2 **④** **解説** 海に面していない国はアフガニスタンのほかに，ハンガリー，チェコ，スロバキア，スイス，ネパール，モンゴル，ボリビア，パラグアイなどがある。

3 **②** **解説** イランの公用語はペルシア語，宗教はイスラム教（シーア派）。古代には，ササン朝やアケメネス朝の帝国が成立した。各国のキーワードは次の通りである。

　　イラク——チグリス・ユーフラテス川流域。最大の産業は石油。

　　クウェート——湾岸戦争（1990年，イラクがクウェートに侵攻）

　　パキスタン——イスラム教を信仰。インドとの間でカシミール問題。

　　トルコ——宗教はイスラム教。西ヨーロッパへの出稼ぎが多い。

4 **①** **解説** ①シンガポールの1人当たりGDPは世界上位である。②マレーシアはマレー半島（インドシナ半島の南部にある半島）にある。インドシナ半島の中央部に位置するのはタイ。③タイの中央部に流れるのはチャオプラヤ（メナム）川である。エーヤワディー川が流れるのはミャンマー。④ルックイースト政策を推進しているのはマレーシア。インドネシアの主要輸出品は石炭，パーム油，液化天然ガス，原油など。⑤カンボジアは仏教が国教である。

5 **④** **解説** ①サモアは9島からなる島国で，コプラの生産と漁業が主産業。②多くの火山島などからなる。③周囲わずか19kmで，世界で3番目に国土が狭い。

1 ボーキサイトの産出量が長年にわたり世界第1位である国はどこか。
①アメリカ　　　　②南アフリカ共和国
③ボツワナ　　　　④ロシア
⑤オーストラリア　　　　　　　　　　　　　　　　　　　（　　）

2 頻出問題 とうもろこしの生産量が毎年，世界第1位である国はどこか。
①中国
②インド
③アメリカ
④ブラジル
⑤オーストラリア

3 アフリカで最も人口の多い国はどこか。
①アルジェリア
②南アフリカ共和国
③ナイジェリア
④リベリア
⑤エチオピア　　　　　　　　　　　　　　　　　　　　（　　）

> 丸覚え
> ボツワナは世界有数のダイヤモンド
> 生産国で，世界第2位（2018年）。

4 南アメリカに関する記述である。正しいものはどれか。
①コロンビアには，インカ帝国の首都クスコがあった。
②ブラジルは，中部から南部にかけてカンポと呼ばれる草原で覆われている。
③アルゼンチンの公用語はポルトガル語である。
④ペルーは大西洋に臨む国で，住民の半分はインディオである。
⑤ボリビアは，世界有数のコーヒーの生産地である。　　（　　）

5 頻出問題 原子力発電の総発電量に占める割合が最も大きい国は，次のうちどれか。
①ロシア　　　　②フランス　　　　③アメリカ
④ドイツ　　　　⑤中国　　　　　　　　　　　　　　　（　　）

ANSWER-4 ■地理A

1 ⑤ 解説　ボーキサイトの最大の産出国は長年にわたりオーストラリアであるが，2位以下は2～3年単位で変わっている。2018年における2位は中国，3位はギニアである。

2 ③ 解説　とうもろこしの輸出量については，ブラジルが世界第1位（2019年）。なお，米の最大の輸出国（2019年）はインド，小麦の最大の輸出国（2019年）はロシア，大豆の最大の輸出国（2019年）はブラジルである。

農産物の主要輸出国（第1位～第4位，2019年）

とうもろこし——ブラジル，アメリカ，アルゼンチン，ウクライナ

米——インド，タイ，ベトナム，パキスタン

小麦——ロシア，アメリカ，カナダ，フランス

大豆——ブラジル，アメリカ，アルゼンチン，パラグアイ

大麦——フランス，ロシア，オーストラリア，アルゼンチン

3 ③ 解説　各国の特色は次の通りである。

アルジェリア……天然ガスの生産量は世界第9位（2018年）。原油の産出量も多く，アフリカ諸国の中では第3位（2020年）である。

南アフリカ共和国…………アフリカ南端の国。金，ダイヤモンド，ウランなどが産出される。

リベリア…………世界で代表的な便宜置籍船国。

エチオピア………高原の国で，アフリカ最古の独立国。コーヒーの原産地でもある。

4 ② 解説　①インカ帝国の首都クスコがあったのはペルーである。ペルーには，インカ帝国の空中都市「マチュ・ピチュ遺跡」がある。②ブラジルの北部はアマゾン川が東流している。③アルゼンチンの公用語はスペイン語。一方，ブラジルの公用語はポルトガル語。④ペルーは太平洋に臨む国である。インディオとは，中央アメリカ・南アメリカの先住民のこと。⑤世界有数のコーヒーの生産地は，ブラジル，コロンビアなどである。ボリビアはすずなどの生産が多い。

5 ② 解説　原子力発電の総発電量に占める割合（2018年）は，フランスの場合，約71％である。日本→約6％，ロシア→約18％，アメリカ→約19％，ドイツ→約12％，中国→約4％である。

1 頻出問題 人口ピラミッドに関する次の記述のうち，正しいものはどれですか。

①ピラミッド型は，多産多死あるいは多産少死の人口増加型で，先進国に多い。

②つぼ型は，少産少死で人口停滞型を示している。

③つりがね型は，子供の人口の割合が少ない型である。

④人口増加率が減少してくると，ピラミッド型からつりがね型，そして，つぼ型に移る傾向がある。

⑤1935年頃の日本は，つりがね型であった。　　　　　　　　　（　　）

2 次の(B)と(C)に該当するものの，正しい組み合わせはどれか。

日本列島は，ユーラシアプレート，(A) プレート，(B) プレート，(C) 海プレートがぶつかり合うプレート境界に位置している。(C) 海プレートは，ユーラシアプレートと (B) プレートに挟まれた比較的小規模な海洋プレートである。

	(B)	(C)
①	北アメリカ	台　湾
②	北アメリカ	フィリピン
③	南アメリカ	フィリピン
④	太平洋	台　湾
⑤	太平洋	フィリピン

　　　　　　　　　　　　　　　　　　　　　　　　　　　　　　（　　）

3 2011年3月11日14時46分頃，日本の三陸沖を震源として □□□ が発生した。地震の規模を示すマグニチュード（M）は 9.0 であった。

□□□ に該当するものは次のうちどれか。

①東日本大震災　　　　　　②三陸海岸沖地震

③東北地方大地震　　　　　④金華山沖地震

⑤東北地方太平洋沖地震　　　　　　　　　　　　　　　　　　　（　　）

4 下の □ に該当するものはどれか。

「都市部の気温がその周辺地域よりも高くなる現象を □ という。」

①エルニーニョ

②ヒートアイランド

③ジオパーク

④ハザードマップ

⑤ラニーニャ

(　)

ANSWER-5 　■地理A

1 ④ **解説** 人口ピラミッドは，ある地域の人口を男女別，年齢層別にグラフにしたものである。人口ピラミッドには5つの型があるが，試験によく出題されるのは「富士山型（ピラミッド型）」「つりがね型」「つぼ型」の3つである。

①ピラミッド型は，多産多死あるいは多産少死の人口増加型で，後発発展途上国に多い。②つぼ型は子供の人口の割合が少ない型で，人口増加がマイナスの地域にみられる。③つりがね型は少産少死で，人口増加が停滞する。④と⑤日本は1935年頃には富士山型であったが，1960年頃にはつりがね型となり，近年はつぼ型に移行している。

2 ⑤ **解説** (A)には「北アメリカ」，(B)には「太平洋」，(C)には「フィリピン」が入る。プレートはそれぞれが一定の方向に移動しているため，ぶつかり合うプレート境界では，広がる境界，ずれる境界，狭まる境界の3つが生じている。太平洋プレートは西に向かって沈み込む動きをしているため，この沈み込みにより地震が発生している。なお，「南アメリカプレート」は存在するが，「台湾海プレート」は存在しない。

3 ⑤ **解説** 「東北地方太平洋沖地震」によってもたらされた甚大な災害を「東日本大震災」という。なお，1900年以降に発生した地震としては，1952年のカムチャッカ地震（M9.0）と並び世界で4番目の大きさとなった。最大は1960年のチリ地震のM9.5。

4 ② **解説** 等温線を描くと，高温の等温部が都市部を中心に島のような形になることから，「ヒートアイランド」と名付けられた。③「ジオパーク」とは，貴重な自然や地層のある自然公園のことで，「ジオ」とは「地球・大地」のこと。

4. 倫　理

ここがポイント**1**

■重要な用語

青年期	12 〜 13 歳頃から 22 〜 23 歳頃までをいう。青年期には男性も女性も自己にめざめ，自分らしく生きようとすることから，第二の誕生ともいわれる。
青年期の延長	近代社会以前においては，一定の年齢に達した子どもは儀式を経て，大人の仲間入りをした。しかし，近代社会では社会生活で求められる知識・技術が専門化・高度化したことで青年が自立するための準備期間としての青年期が延長されている。
第二反抗期	思春期が始まる 12 〜 13 歳頃から始まる。自我意識が高まり自己主張が起こるため，大人との違和感などが生じる。なお，第一反抗期は 3 〜 4 歳頃である。
マージナルマン	境界人・周辺人。ドイツの心理学者レヴィンは，青年が子どもの集団にも属さず，大人の集団にも属さないことから，青年をマージナルマンと呼んだ。
自我	普通に暮らしている自分をみつめるもう一人の内面に潜む自分のこと。青年期になると自我意識にめざめ，本当の自分でありたいという欲求が高まる。
防衛機制	欲求不満（フラストレーション）や葛藤（コンフリクト）が生じると，その不安などから自我を守るために自動的に働く心の仕組みのこと。
アイデンティティ	自我同一性。自分が何者であるかを知り，自分についての一貫した自覚をもつこと。アメリカの心理学者エリクソンはアイデンティティを確立することが青年期の発達課題であると説いた。
自己実現	自分のもっている能力や個性を発揮して，「これこそが本当の自分だ」といえるものを生み出すこと。アメリカの心理学者マズローは人間の欲求の頂点に「自己実現の欲求」があると説いた。
パーソナリティ	能力（知能や技能），気質（感情の特性），性格（意志の特性）の 3 つがあわさってできた，その人の特徴的な思考や行動の統一性のこと。

■覚えておきたい思想家

F. ベーコン	学問の方法として帰納法を説き，イギリス経験論の基礎を確立した。"知は力なり"という立場をとった。
デカルト	F. ベーコンが帰納法を説いたのに対して，演繹法を唱えた。大陸合理論の祖。"我思う，ゆえに我あり"。
ルソー	人間は自然状態においては善なるものであったが，文明の発達した不平等社会においては悪となってしまった，と説いた。
カント	大陸合理論に対しては経験なくしては知識は成立しないと合理論を批判し，イギリス経験論に対しては経験のみでは客観的な知識は得られないとして経験論を批判した。
ヘーゲル	あらゆるものを対立の統一としてとらえる弁証法という論理を完成し，世界精神の弁証法的展開が世界史であると考えた。
ベンサム	社会は個人の機械的集合であるから，その最大多数の最大幸福が社会の善であるとした。この考えが産業資本主義の基礎となる。
マルクス	科学的社会主義の創始者。弁証法的唯物論を基軸に，歴史・社会・経済を分析した。
ジェームズ	プラグマティズムを普及させた。ある観念が真理であるかどうかは，それが有用であるかどうかで決まると考えた。
デューイ	知性は人間が行動するときに役立つ道具である，という道具主義を確立した。教育界をはじめ各界に大きな影響を与えた。
キルケゴール	ヘーゲルの客観主義に対して，キルケゴールは真理は客観的なものでなく，主体性こそ真理であるとした。有神論的実存主義者。
ニーチェ	無神論的実存主義者。"神は死んだ"と宣言した。キリスト教の弱者の道徳を否定し，"超人"を理想の人間像とした。
ヤスパース	有神論的実存主義者。限界状況を自分の問題として受け止め，真の自分であろうと決断して生きることが大切であるとした。
サルトル	無神論的実存主義者。"実存は本質に先立つ"として，人間は自己の生き方についてはまったく自由であると説いた。
シュヴァイツァー	フランスの医師・神学者・哲学者・音楽家。生命への畏敬をもつことが倫理の根本であると説いた。ノーベル平和賞を受賞。
ホルクハイマー	アドルノ，マルクーゼ，フロムと同じくフランクフルト学派に属する。この学派はファシズムの野蛮行為などがどうして出現したのかという疑問に取り組み，そのメカニズムを解明する批判理論を展開した。

1 　頻出問題 「人間の欲求は，生理的欲求，安全の欲求，所属・愛情の欲求，承認・自尊心の欲求，自己実現の欲求の５つの階層からなっている」と唱えたアメリカの心理学者は次のうちどれか。

①エリクソン
②マズロー
③フロイト
④レヴィン
⑤シェーラー　　　　　　　　　　　　　　　　　　　　　　　　　　（　　）

> ミニ知識
>
> フロイトはオーストリアの心理学者で，精神分析学の創始者である。

2 　「万物の根源は水である」と説いたのは，次のうち誰か。
①タレス　　　　　　　　②ヘラクレイトス
③ピタゴラス　　　　　　④デモクリトス
⑤エンペドクレス　　　　　　　　　　　　　　　　　　　　　　　　（　　）

3 　「（　A　）が性善説を唱えたのに対して，（　B　）は性悪説を唱えた。」（　A　）と（　B　）に該当する組み合わせとして正しいものは，次のうちどれか。

	（　A　）	（　B　）		（　A　）	（　B　）
①	孔子	孟子	②	孔子	老子
③	孔子	荀子	④	孟子	老子
⑤	孟子	荀子			

（　　）

4 　「_____ は，誰でも一心に「南無阿弥陀仏」を唱えると，やがて阿弥陀仏に救われるという浄土宗を開いた。」

_____ にあてはまるのは，次のうちどれか。
①法　然　　　　　　　②親　鸞
③一　遍　　　　　　　④栄　西
⑤日　蓮　　　　　　　　　　　　　　　　　　　　　　　　　　　　（　　）

ANSWER-1 ■倫　理

1　**②**　**解説**　アメリカの心理学者マズローは，人間の欲求は右図のように５つの階層からなり，その頂点に「自己現実の欲求」があると考えた。そして，これらが満たされることで，人間は健全で幸福な人生が送れると考えた。

⑤ 自己実現
の欲求
④承認・
自尊心の欲求
③所属・
愛情の欲求
②安全の欲求
①生理的欲求

・①……睡眠・飲食などの欲求
・②……身体の安全の欲求
・③……集団への所属・愛情への欲求
・④……他者による承認，自尊心の欲求

2　**①**　**解説**　①タレスは自然哲学の祖である。自然哲学とは，自然現象の根源（アルケー）を神話によらず，論理的に探求する学問である。②ヘラクレイトスは「万物は流転する」と説いた。③ピタゴラスは「三平方の定理」で有名な自然哲学者で，アルケーは「数」であると考えた。④デモクリトスは，アルケーとしてアトム（原子）の存在を説いた。アトムはそれ以上分割不可能な小実体で，その集合離散によって万物が出来ると考えた。⑤エンペドクレスは，「土・水・火・空気」の４つの元素をアルケーとした。

3　**⑤**　**解説**　孔子などの主な主張は次のとおりである。
・孔子……儒家の始祖。仁と礼によって政治を行えば，社会秩序は再建されるとして，徳治主義を唱えた。
・孟子……人は本来善におもむく傾向をもっているとする性善説を唱えた。
・荀子……人間の性は本来悪であるとして性悪説を唱え，社会秩序を保つためには礼が大切であるとした。
・老子……人為を排して無為自然の大道に従って生きるならば，平和と秩序が実現すると考えた。

4　**①**　**解説**　①法然は比叡山で天台宗をおさめ，のちに浄土宗を開いた。②親鸞は法然の弟子で，のちに浄土真宗を開いた。悪人こそ阿弥陀仏に救われるとする悪人正機の教えを説いた。③一遍は時宗の開祖で，踊り念仏を広めた。④栄西は臨済宗の開祖で，茶をもたらしたことでも有名である。⑤日蓮は日蓮宗の開祖で，「法華経」の教えを広めた。

1 「青年はもはや子どもの集団には属さないが，大人の集団にも属さないことから，青年を境界人と呼んだ」のは，次のうち誰か。

①レヴィン

②サリヴァン

③シュプランガー

④ユング

⑤フロム　　　　　　　　　　　　　　　　　　　　　　　　（　　）

2 　□□□ は古代ギリシアの哲学者で，「世界は現象界とイデア界の2つから成り立つ」と唱えた。

　　□□□ に該当するのは，次のうちどれか。

①プロタゴラス　　　②ソクラテス

③プラトン　　　　　④アリストテレス

⑤ゼノン　　　　　　　　　　　　　　　　　　　　　　　（　　）

3 「しみじみと感動する "もののあわれ" を知る真心をもって生きることを理想とした。」

　　上記に該当するのは，次のうちどれか。

①二宮尊徳

②安藤昌益

③石田梅岩

④平田篤胤

⑤本居宣長　　　　　　　　　　　　　　　　　　　　　　（　　）

4 　次は，イタリアのルネサンス文化の作者とその作品の組み合わせである。誤っているものはどれか。

①ダンテ ――――――――――― 神曲

②ボッカチオ ――――――――― デカメロン

③レオナルド＝ダ＝ヴィンチ ―― モナリザ

④ラファエロ ――――――――― ヴィーナスの誕生

⑤マキャヴェリ ―――――――― 君主論　　　　　　　　（　　）

ANSWER-2 ■倫　理

1 **①** **解説**　境界人とはマージナルマンのことである。マージナルマンといえばドイツの心理学者レヴィンのキーワードであるので，答えは①となる。このように「〜といえば〜」というように，その人物に関係の深いキーワードを覚えていくことが「倫理」の勉強をする際のポイント・コツといえる。別言すれば，「倫理」の勉強をする際，深く考えすぎないことである。

2 **③** **解説**　「プラトンといえばイデア」「イデアといえばプラトン」であり，「世界は現象界とイデア界の２つから成り立つ」といえば，もちろんプラトンである。

・プロタゴラス……「人間は万物の尺度である」と唱えた。

・ソクラテス……対話を介して事物の普遍的概念を求める問答法が特徴である。

・アリストテレス……万学の祖と呼ばれる。プラトンの哲学が理想主義であるのに対し，観察と経験を重んじる現実主義を説いた。

・ゼノン……ストア学派の創始者で，禁欲主義を主張した。この世界は，普遍的ロゴス（理性）によって貫かれ，支配されているとした。

3 **⑤** **解説**　本居宣長は文芸の本質を「もののあはれ」としてとらえる国学の大成者である。宣長は「からごころを否定」し，「やまとごころ」を強調した。

①二宮尊徳……農業は万業の根本であるとする，農本主義を説いた。

②安藤昌益……すべての人が田畑を耕す，支配者のいない平等な社会を理想社会とした。

③石田梅岩……心学（石門心学）の創始者。"商人の買利は士の俸禄と同じ"として，商人の営利行為の道義性・正当性を説いた。

④平田篤胤……本居宣長の古道説を体系化して復古神道を唱え，幕末の尊王攘夷運動に大きな影響を与えた。

4 **④** **解説**　「ヴィーナスの誕生」はボッティチェリの絵画である。ラファエロは「アテネの学堂」「聖母子」などを描いた。また，ラファエロは，レオナルド＝ダ＝ヴィンチ，ミケランジェロと並び，ルネサンスの三大巨匠と呼ばれる。

1　「青年期においてアイデンティティの危機におちいることがあることを指摘した」のは，次のうち誰か。

①フロイト

②シェーラー

③フランクル

④エリクソン

⑤ハヴィガースト

（　　）

2　「"知は力なり"という立場から，経験・観察によって得られた個別的事実をもとに未知の知識を獲得する帰納法を提唱した。」

　　上記に該当する思想家は次のうちどれか。

①F. ベーコン　　　②モンテーニュ

③デカルト　　　　④スピノザ

⑤ベンサム　　　　　　　　　　　　　　　　　　（　　）

3　A〜Dの記述について，正誤の組み合わせとして，正しいものはどれか。

　A　哲学者のラッセルと物理学者のアインシュタインは1955年，核兵器の廃絶を求めてラッセル・アインシュタイン宣言を出した。

　B　イタリアの科学者ガリレオ＝ガリレイは，地動説を主張したため宗教裁判にかけられた。

　C　パスカルは主著『エセー』の中で，人間を「考える葦」にたとえた。

　D　アメリカの海洋学者ワンガリ＝マータイは農薬や殺虫剤の大量使用が人間の健康や生命に深刻な影響を及ぼしていると警告した。

	A	B	C	D			A	B	C	D
①	○	○	×	×		②	○	×	○	×
③	×	×	○	○		④	○	×	×	○
⑤	×	○	○	×						

（　　）

ANSWER-3　■倫　理

1　**④**　**解説**　「アイデンティティの危機（拡散）」を指摘したのはアメリカの心理学者エリクソンである。エリクソンで重要なのは「アイデンティティの危機」のほかに「ライフサイクル（人生周期）」がある。右表はその「エリクソンのライフサイクル」である。エリクソンは，人生を8つの発達段階をもつライフサイクルとしてとらえた。右表の上段は各段階の「発達課題」であり，下段は「その失敗の状態」を表す。

8 老年期	自我の統合性
	絶　望
7 壮年期	世代性
	停　滞
6 成人期	親密性
	孤　立
5 青年期	自我同一性
	同一性拡散
4 学童期	勤勉性
	劣等感
3 児童期	自発性
	罪悪感
2 幼児期	自律性
	恥・疑惑
1 乳児期	基本的信頼
	不　信

2　**①**　**解説**　"知は力なり"「帰納法」といえば，F.ベーコンである。

・モンテーニュ……フランスのモラリストで，「私は何を知るか」と自問し，懐疑主義の態度を貫いた。モラリストとは，人間探求者と呼ばれる人々のことで，パスカルはその第一人者。

・デカルト……学問の方法として演繹法を説き，大陸合理論の基礎を確立した。

・スピノザ……デカルトと同様に論理的な演繹を重視し，真理を数学的な方法で論証することを試みた。

・ベンサム……功利主義の提唱者。快を与えるものは善，苦痛をもたらすものは悪ととらえ，快楽計算することを提案した。

☆J.S.ミル……功利主義の修正者。ベンサムが快楽の量を重視したのに対して，快楽の質を重視した。

3　**①**　**解説**　A：正しい。当時の世界の著名な科学者11名がこの宣言に署名した。日本の原子物理学者湯川秀樹も署名した。なお，ラッセルはイギリスの数学者・哲学者である。

B：正しい。宗教裁判にかけられた際，やむなく地動説を取り下げたが，判決後「それでも地球は動く」とつぶやいたと言われる。

C：誤り。『エセー』はモンテーニュの主著。パスカルの主著は『パンセ』。

D：誤り。レイチェル＝カーソンに関する記述で，主著は『沈黙の春』。ワンガリ＝マータイは女性環境保護家で，ノーベル平和賞を受賞。「もったいない」という日本語を世界共通語として広めることを提唱した。

1 防衛機制のうち，不安などを引き起こす観念や満たされない欲求を無意識のうちに押し込めることを□□□という。

□□□にあてはまるものは，次のうちどれか。

①逃　避
②合理化
③抑　圧
④投　射
⑤反動形成

丸覚え

逃避とは，欲求不満の原因を解決せずに，他のものに逃げ込むこと。

（　　）

2 「理性よりも人間の本性を重んじ，"自然に帰れ"と唱えた」のは，次のうち誰か。

①ロック
②ルソー
③ホッブズ
④フィルマー
⑤フィヒテ

ミニ知識

フィルマーはボシュエと同様，王権神授説を唱えた。

（　　）

3 「イギリスの経験論と大陸合理論を批判的に総合化した」のは，次のうち誰か。

①カント
②ヘーゲル
③マルクス
④サン＝シモン
⑤シェリング

丸覚え

ドイツ観念論は，カント→フィヒテ→シェリング→ヘーゲルと展開していく。

（　　）

4 「人間は個人であるとともに社会であるとして，倫理は個人と社会の相互作用において成立すると考えた。」

上記に該当する思想家は次のうちどれか。

①西田幾多郎　　　②柳田国男
③丸山真男　　　　④和辻哲郎
⑤南方熊楠

（　　）

ANSWER-4 ■倫　理

1 **③** 解説　防衛機制には，合理化，同一視，投射，反動形成，逃避など
さまざまあるが，抑圧がその根本である。

・合理化……自分の行動にもっともらしい理由などをつけて，自分を正当化
　　　　　　すること。
・同一視……他人の外観・特性を取り入れ，自己を変えようとすること。
・投　射……自分の不都合な感情を，相手がそのような感情をもっていると
　　　　　　思い込むこと。
・反動形成…抑圧した欲求と反対の行動をとることで，よくない感情を抑え
　　　　　　ること。

2 **②** 解説　"自然に帰れ"といえば，ルソーである。

ロック	権力分立論を説き，名誉革命を理論的に擁護した。また，人民には政府に対する抵抗権があるとした。
ホッブズ	自然状態の人間は「万人の万人に対する争い」をつくり出してしまうとして，各自の自然権を国家に譲渡すべしと説いた。

・フィヒテ……ドイツ観念論の哲学者。カントの二元論を克服，統一しよう
　　　　　　と試みた。愛国の演説「ドイツ国民に告ぐ」は有名。

3 **①** 解説　「イギリス経験論と大陸合理論を批判的に総合化した」といえ
ば，カントしかいない。カントは近代哲学の大成者である。

ヘーゲル	世界を絶対精神の弁証法的発展過程であるとした。弁証法哲学を唱え，ドイツ観念論を大成させた。

・サン＝シモン……フランスの空想的社会主義者。

4 **④** 解説　和辻哲郎は和辻倫理学と呼ばれる独自の倫理学体系をつくっ
たので，"倫理"といえばまず"和辻哲郎"をイメージしよう。

・西田幾多郎……主著『善の研究』はわが国最初の独創的哲学として評価さ
　　　　　　　れている。西田哲学の創始者。
・柳田国男……日本民俗学の創始者。民間伝承に関心をもち，全国を行脚し，
　　　　　　　資料を収集した。

1　「□□□は，その人が追求をする価値の分類より，人間の性格を理論型，経済型，審美型，社会型，権力型，宗教型の6つの類型に分けた。」

　　上記の□□□にあてはまるものは，次のうちどれか。

①シェーラー

②サリヴァン

③マズロー

④シュプランガー

⑤ヘルマン＝ヘッセ

> **ミニ知識**
>
> ヘルマン＝ヘッセはドイツの文学者・詩人で，ノーベル文学賞を受賞した。

（　　）

2　「人間は避け得ない限界状況の中で生きているが，限界状況に直面し，自分の無力さを知ったとき，人間や世界を根底で支えているものに気づくことになる。」

　　上記の説を唱えたのは，次のうちどれか。

①キルケゴール　　　　　②ニーチェ

③ヤスパース　　　　　　④ハイデッガー

⑤サルトル

（　　）

3　A～Dの記述について，正誤の組み合わせとして，正しいものはどれか。

　A　デューイはプラグマティズムを発展させて，道具主義という独自の立場を確立した。

　B　中江兆民は，イエス（Jesus）と日本（Japan）の2つのJを愛し，キリスト教の信仰に基づいた正しい愛国心の必要性を説いた。

　C　レヴィ＝ストロースは，未開社会の人々の風習や神話を研究することで，構造主義的な考察が正しいことを明らかにした。

　D　リオタールは，多様な現実を「大きな物語」で解釈するべきではなく，個々の具体的な状況で思索する「小さな物語」が必要であると説いた。

	A	B	C	D			A	B	C	D
①	○	×	×	○		②	×	×	○	○
③	○	×	○	○		④	×	○	○	○
⑤	○	○	×	×						

（　　）

ANSWER-5 ■倫　理

1 ④ **解説**　シュプランガーはドイツの哲学者・心理学者。シュプランガーによれば，将来の職業を考えてキャリアを積むことは，自分にとって価値あるものを生涯にわたって求めることになり，自己実現につながることになる。理論型（研究者），経済型（実業家），審美型（芸術家），社会型（教師・福祉・医師），権力型（政治家），宗教型（宗教家）。

・シェーラー……ドイツの哲学者。人生を充実させてくれるさまざまな価値が存在するので，自分にふさわしい価値を見つけ，それを追求する価値倫理学を説いた。

2 ③ **解説**　ヤスパースのキーワードの1つは「限界状況」。ヤスパースによれば，多くの人は限界状況（死・悩みなど）に直面し，これを逃避して生きている。しかし，それは真の実存的人生とはいえない，というもの。

キルケゴール	実存主義の先駆けとなった思想家。実存になる段階を美的段階・倫理的段階・宗教的段階の3つに分けた。
ニーチェ	無神論的実存主義者。19世紀末のヨーロッパの精神的退廃をニヒリズムの時代としてとらえた。
ハイデッガー	人間は有限で死に向かう存在であるため，漠然とした不安などにより，主体的な人生を生きていないとした。
サルトル	人間存在は"実存が本質に先立つ"。しかし，そのことは不安・苦悩などをもたらすので，人間は自由を放棄して生きている。

3 ③ **解説**　A：正しい。プラグマティズム（実用主義）はパースに始められ，ジェームズにより発展し，デューイの説く道具主義により確立された。

B：誤り。"2つのJ"といえば，内村鑑三である。中江兆民はルソーに代表されるフランスの急進思想を研究・紹介した。

C：正しい。レヴィ＝ストロースはフランスの文化人類学者で，構造主義の思想家である。構造主義とは，人間の社会的・文化的現象，それ自体に注目するのではなく，その背後にあるシステム（構造）に注目する立場のこと。

D：正しい。リオタールはフランスの哲学者で，そのキーワードの1つが「大きな物語」「小さな物語」である。

5. 政治・経済

ここがポイント❶

■わが国の選挙制度

	任期	総定数	選挙制度	定数	選挙区数
衆議院	4年	465人	小選挙区選挙	289人	295選挙区
			比例代表(拘束名簿式)	176人	11ブロック
参議院	6年	248人	選挙区選挙	148人	各都道府県
			比例代表	100人	全国1区

（注）参議院の選挙区選挙の定数148人，比例代表の定数100人は2022年夏の参院選から適用。

★衆議院議員の総定数は465人である。このうち，小選挙区選挙により選出される議員が289人，比例代表選挙により選出される議員が176人。なお，比例代表選挙は全国を11ブロックに分けて実施される。

★参議院議員の総定数は2022年夏の参院選から248人となる。このうち，選挙区選挙により選出される議員が148人，比例代表選挙により選出される議員が100人。なお，選挙区選挙は各都道府県別（鳥取県と島根県，徳島県と高知県は合区）に実施され，比例代表選挙は全国を1選挙区として実施される。

■国会の種類

通常国会	年に1回定期的に召集される国会。毎年1月に召集され，会期は150日間。常会とも呼ばれる。
臨時国会	内閣が必要と認めたとき，またはいずれかの議院の総議員の4分の1以上の要求があれば召集される。臨時会とも呼ばれる。
特別国会	衆議院の解散による総選挙後30日以内に召集される国会。まず，内閣総理大臣の指名が行われる。特別会とも呼ばれる。

■基本的人権の種類

　基本的人権は，自由権，社会権，平等権，請求権，参政権に分けられる。
自由権は，精神の自由，経済の自由，人身の自由に分けられる。

権　利		権　利　の　内　容
自由権	精神の自由	思想・良心の自由，言論・出版・表現の自由 集会・結社の自由，学問の自由
	経済の自由	居住・移転・職業選択の自由，財産権の不可侵
	人身の自由	奴隷的拘束・苦役からの自由
社　会　権		生存権，教育を受ける権利，勤労の権利 労働者の団結権・団体交渉権・団体行動権
平　等　権		法の下の平等，男女の本質的平等，選挙権の平等
請　求　権		請願権，損害賠償請求権，刑事補償請求権， 裁判を受ける権利
参　政　権		憲法改正の際の国民投票，公務員の選定・罷免権， 最高裁判所裁判官の国民審査

■衆議院の優越

　衆議院と参議院で異なる議決をした場合，次の重要事項については衆
議院の議決をもって国会の議決とするとされている。

法律案の議決	参議院が衆議院と異なる議決をしたとき，または参議院が衆議院で可決した法律案を受け取ってから60日以内に議決しないときには，衆議院が出席議員の3分の2以上の多数で再可決すると成立する。
予算の議決 条約の承認	参議院が衆議院と異なる議決をしたとき，両院協議会を開いても意見が一致しない場合，または参議院が衆議院で可決した予算または条約を受け取ってから30日以内に議決しないときには，衆議院の議決が国会の議決となる。
内閣総理大臣の指名	参議院が衆議院と異なる指名の議決をしたとき，両院協議会を開いても意見が一致しない場合，または衆議院が指名の議決をした後，参議院が10日以内に議決しないときには，衆議院の議決が国会の議決となる。

※上記のほかに，衆議院には内閣不信任決議権と予算先議権がある。

■主な租税

国　税	直接税	所得税，法人税，相続税，贈与税
	間接税	消費税，酒税，関税，印紙税など
地方税	直接税	住民税，事業税，固定資産税など
	間接税	地方消費税，ゴルフ場利用税など

直接税……納税者(税をおさめる人)と税負担者(実際に税を負担する人)
とが同一の租税。

間接税……納税者と税負担者とが異なる租税。たとえば酒税の場合，実
際に酒税を支払っているのは酒類を購入した人であるが，酒
税をおさめているのは酒類の生産者あるいは販売者である。

■戦後日本経済のあゆみ

1947	傾斜生産方式の採用	1985	プラザ合意
1949	ドッジ＝ラインの実施	1986	バブル経済(平成景気)
1950	朝鮮戦争を契機に特需ブームが起きる	1991	バブル経済崩壊
1955	高度経済成長が始まる神武景気(〜57年)	1999	日銀の超低金利政策(〜2006年)
1958	岩戸景気(〜61年)	2002	いざなみ景気 (〜2008年)
1960	池田内閣の所得倍増計画	2005	ペイオフ全面解禁
1963	オリンピック景気(〜64年)	2010	ゼロ金利政策復活
1965	いざなぎ景気(〜70年)	2013	異次元の量的緩和政策の実施
1971	ドル・ショック発生	2016	マイナス金利政策の導入
1973	第1次石油危機発生	2018	日銀，長期金利の上昇容認
1979	第2次石油危機発生	2019	消費税率10%となる
		2020	コロナ・ショック発生

ペイオフ……金融機関が破たんした場合，金融機関に代わり預金保険機
構が預金を払い戻すことで，上限は1金融機関当たり，預
金者1人につき元本1,000万円とその利息である。

量的緩和政策……「通貨量」を増加させる金融政策のこと。

■財政対策

	景気過熱時	不況時
租税政策	増 税	減 税
公共投資	削 減	増 加

Point 景気が過熱していてインフレが起こりそうな状況のとき，あるいは，すでにインフレが起こってしまったとき，景気をしずめるため増税，または，公共投資を減らすことが必要となる。反対に，不況のときには，景気を刺激するため減税，または，公共投資を増やすことが必要となる。

■金融政策

	景気過熱時	不 況 時
公開市場操作	売りオペレーション	買いオペレーション
預金準備率操作	預金準備率引き上げ	預金準備率引き下げ

公開市場操作……中央銀行（わが国では日本銀行）が金融市場において有価証券を売買することにより，通貨量を直接的に調節する政策のこと。

[試験に出た！]

Point 景気過熱時には，売りオペレーション（中央銀行が金融市場において手持ちの証券を売ること）を実施すれば景気を抑制できる。一方，不況時には買いオペレーション（中央銀行が金融市場において有価証券を買うこと）を実施すれば，景気を刺激できる。

預金準備率操作……市中銀行は預金の一定割合を預金準備金として中央銀行に預金しなければならない。預金準備率操作とは，この割合を上下することにより，市中銀行の企業に対する貸し出し量を調節する政策のことである。

Point 景気過熱時には預金準備率を引き上げ，不況時には預金準備率を引き下げるとよい。

政治・経済

1 「憲法改正は，衆議院・参議院の各議院の ☐ A ☐ の ☐ B ☐ の賛成で，国会がこれを発議し，国民に提案してその ☐ C ☐ の賛成で承認を経なければならないとされている。」

上文のA～Cの空欄に該当するものの組み合わせとして正しいものは，次のうちどれか。

	A	B	C
①	出席議員	3分の2以上	3分の2以上
②	出席議員	3分の2以上	過半数
③	出席議員	過半数	3分の2以上
④	総 議 員	3分の2以上	過半数
⑤	総 議 員	過半数	3分の2以上

（　）

丸覚え

国民の3大義務は
・普通教育を受けさせる義務
・勤労の義務
・納税の義務

2 頻出問題 国会に関する次の記述のうち，正しいものはどれか。
①通常国会は，毎年1回定期的に開かれる国会で，12月中に開かれる。
②特別国会は，国会の閉会中に急を要する問題が生じたとき，臨時に召集される国会である。
③臨時国会においては，まず内閣総理大臣の指名が行われる。
④衆議院の解散中，国会を召集する緊急の用件が生じたとき，内閣が召集する参議院の集会を緊急集会という。
⑤通常，国会の議決は，原則として総議員の過半数の多数決による。

（　）

3 頻出問題 内閣に関する次の記述のうち，正しいものはどれか。
①内閣総理大臣もその他の国務大臣もすべて，文民でなければならない。
②内閣総理大臣は，国会の指名にもとづいて，最高裁判所長官が任命する。
③内閣総理大臣は自由に国務大臣を任命できるが，自由に国務大臣を罷免することはできない。
④国務大臣はすべて国会議員でなければならない。
⑤内閣総理大臣は衆議院議員からのみ選ばれる。

（　）

ANSWER-1 ■政治・経済

1 **④** **解説** A：出席議員ではなく，総議員であることをしっかり覚えておこう。BとC：「3分の2以上」と「過半数」は覚えていても，どちらが「3分の2以上」であるか，わからないことが多い。この場合，衆議院において過半数ならば，簡単に憲法が改正されるので，これは誤りと判断しよう。

なお，憲法の改正にあたり，普通の法律の改廃よりも複雑で慎重な手続きを必要とする憲法を硬性憲法といい，日本国憲法は硬性憲法である。

2 **④** **解説** ①12月中ではなく，1月中が正しい。通常国会の会期は150日であるが，両議院一致の議決により，会期を延ばすこともできる。②特別国会ではなく，臨時国会が正しい。**ここがポイント①**の箇所で説明したように，臨時国会は「内閣が必要と認めたとき」または「いずれかの議院の総議員の4分の1以上の要求があるとき」召集される。③臨時国会ではなく，特別国会が正しい。特別国会は，衆議院の解散による総選挙の後に開催される国会をいう。衆議院議員の任期満了によって総選挙が行われたとき，その後に開催される国会は特別国会ではなく，臨時国会という。④緊急集会で決まったことは，次の国会が開かれてから10日以内に，衆議院の同意を得なければ無効となる。⑤総議員ではなく，出席議員が正しい。総議員と出席議員とでは大きな違いがあるので，覚える際にはこの点を十分注意しよう。

3 **①** **解説** ①「内閣総理大臣その他の国務大臣は，文民でなければならない。」（憲法第66条2項）よって，正しい。②内閣総理大臣は，「国会の指名にもとづいて天皇が任命する」。つまり，「最高裁判所長官」の箇所が誤りである。③「内閣総理大臣は任意に国務大臣を罷免することができる。」（憲法第68条2項）よって，「内閣総理大臣は…………，自由に国務大臣を罷免することはできない」の箇所が誤り。④「内閣総理大臣は国務大臣を任命する。但し，その過半数は国会議員の中から選ばなければならない。」（憲法第68条1項）これに対して，イギリスの場合，閣僚はすべて国会議員の中から選ばなくてはならない。⑤内閣総理大臣は国会議員の中から選ぶことになっているので，参議院議員も内閣総理大臣になることができる。

政治・経済

1 頻出問題 衆議院議員と参議院議員の被選挙権年齢の組み合わせとして正しいものは，次のうちどれか。

	衆議院議員	参議院議員		衆議院議員	参議院議員
①	満 20 歳以上	満 25 歳以上	②	満 25 歳以上	満 20 歳以上
③	満 25 歳以上	満 30 歳以上	④	満 30 歳以上	満 25 歳以上
⑤	満 30 歳以上	満 30 歳以上			

（　　）

2 頻出問題 次のうち，社会権に含まれるものだけを組み合わせたのはどれか。
①学問の自由，労働者の団結権
②生存権，教育を受ける権利
③憲法改正の際の国民投票，労働者の団体交渉権
④財産権の不可侵，勤労の権利
⑤法の下の平等，損害賠償請求権 （　　）

3 頻出問題 次のうち，国会の権限でないものはどれか。
①内閣総理大臣の指名
②弾劾裁判所の設置
③条約の承認
④法律の制定
⑤最高裁判所長官の指名

 丸覚え

内閣の権限には，「条約の締結」「政令の制定」「臨時国会の召集」「最高裁判所の裁判官や下級裁判所の裁判官の任命」などがある。

（　　）

4 頻出問題 次のうち，衆議院の優越が認められていないのはどれか。
①法律案の議決
②条約の承認
③内閣総理大臣の指名
④予算の先議権
⑤憲法改正の発議

 丸覚え

衆議院は参議院と異なり解散があることから，参議院に対する一定の優越が認められている。

（　　）

5 「2001年の9・11同時多発テロを機に，アメリカは □□□ に侵攻し20年にわたり実質統治してきたが，2021年8月，同国からの撤退を完了した。」

□□□ に該当するものは次のうちどれか。

①イラン　　　②イラク　　　　③アフガニスタン

④シリア　　　⑤レバノン　　　　　　　　　　　　（　　）

ANSWER-2 ■政治・経済

1　**③**　**解説**　衆議院議員，地方議会議員，市町村長の場合，被選挙権年齢は満25歳以上である。また，参議院議員，都道府県知事の場合，満30歳以上である。なお最近，法改正により，選挙権は18歳以上の男女となった。

2　**②**　**解説**　「学問の自由」と「財産権の不可侵」は自由権に含まれる。自由権に含まれるものは，「学問の自由」「居住・移転・職業選択の自由」などのように「～の自由」となっているが，「財産権の不可侵」はこれに該当しないので十分注意しよう。「憲法改正の際の国民投票」は「国民投票」から，参政権と判断するとよい。「法の下の平等」は「平等」から平等権，「損害賠償請求権」は「請求」から請求権，と判断するとよい。

3　**⑤**　**解説**　「法律の制定」については，国会の権限と容易にわかるはず。「内閣総理大臣の指名」については，先に「内閣総理大臣は国会の指名にもとづいて天皇が任命する」と説明した。したがって，「内閣総理大臣の指名」は国会の権限となる。弾劾裁判所とは憲法違反などを行った裁判官に対して裁定を下す裁判所のことで，衆参の両議院の議員から選出された各7名の裁判官で構成される。「条約の承認」は国会の権限であり，「条約の締結」は内閣の権限であることを，ここでしっかり覚えておこう。「最高裁判所長官は内閣の指名にもとづいて，天皇が任命する」ので，「最高裁判所長官の指名」は内閣の権限となる。

4　**⑤**　**解説**　衆議院の優越については，**ここがポイント❶** の箇所で詳しく説明した。憲法改正の発議については，憲法第96条に「この憲法の改正は，各議院の総議員の3分の2以上の賛成で，国会がこれを発議し……」と規定されているように，衆議院の参議院に対する優越は認められていない。

5　**③**　**解説**　2001年の9・11同時多発テロの後，アメリカのブッシュ大統領は当時アフガニスタンを支配していたタリバンにオサマ・ビンラディンの引き渡しを要求したが，タリバンがこれを拒否したため，アメリカはアフガニスタンに侵攻した。

1 頻出問題 次のうち，直接税でないものはどれか。
①法人税
②消費税
③相続税
④所得税
⑤住民税

丸覚え

国税とは国が徴収する租税のことであり，地方税とは都道府県や市町村が徴収する租税のことである。

（　）

2 頻出問題 次のうち，地方税はどれか。
①関　税
②酒　税
③贈与税
④固定資産税
⑤消費税

丸覚え

地方公共団体の場合，地方税の歳入総額に占める割合は3〜4割で,不足分は地方交付税などが国から支給される。

（　）

3 頻出問題 国債に関する次の記述のうち，正しいものはどれか。
①国債とは国が発行する公債で，償還期限は10年と定められている。
②国債には建設国債と赤字国債とがあり，後者は一般会計予算の歳入の不足分を補うために発行される。
③国債の購入は金融機関だけに限定されており，個人は購入できない。
④政府が国債を発行するとき，国債を日銀に直接引き受けさせてもよい。
⑤最近，国債依存度は60％を上回っている。（　）

4 頻出問題 近年，主要経費別の一般会計歳出額が最も多いのは次のうちどれか。
①国債費　　　②社会保障関係費　　　③公共事業関係費
④地方交付税交付金　　　⑤文教及び科学振興費（　）

5 **頻出問題** 物価の下落がかなりの期間続いている現象を□□□という。空欄にあてはまるものはどれか。

①インフレーション　　②ディマンド＝プル＝インフレ
③輸入インフレ　　　　④コスト＝プッシュ＝インフレ
⑤デフレーション　　　　　　　　　　　　　　　（　　）

ANSWER-3　■政治・経済

1 **②** **解説** 消費税は間接税の代表的なものなので，しっかり覚えておこう。また，消費税は間接税であるとともに，国税である。所得税，法人税，相続税，贈与税の4つは国税であるとともに直接税であるので，これらはまとめて覚えておこう。住民税は直接税であるが，地方税である。

2 **④** **解説** 関税，酒税，消費税は国税であり，かつ，間接税である。贈与税は国税であり，かつ，直接税である。固定資産税，住民税，事業税は地方税であり，かつ，直接税である。これらは丸覚えしておくとよい。

3 **②** **解説** ①国債を償還期限別にみた場合の国債の種類は，6か月，1年，2年，3年，5年，10年，20年，30年，40年などがある。そして，一般に，償還期限が1年以内のものを短期国債，2〜5年を中期国債，10年を長期国債，20年以上のものを超長期国債という。②建設国債は，公共事業費，出資金及び貸付金の財源に充てる場合にのみ発行できる国債である。③発行された国債は，金融機関を通じて個人に販売される。④「国債の市中消化の原則」があり，国債の発行の際，日銀に国債を直接引き受けさせてはならないことになっている。つまり，まずは金融機関に購入させ，1年後以降ならば日銀が購入できることになっている。⑤国債依存度とは，一般会計に占める新規の国債発行割合のことである。2021年度予算案での国債依存度は40.9%である。

4 **②** **解説** ここ数年，主要経費別の一般会計歳出額は，社会保障関係費が最も多く，国債費，地方交付税交付金，公共事業関係費，文教及び科学振興費と続いている。

5 **⑤** **解説** デフレーションの反対の言葉がインフレーションである。インフレーションとは，物価の上昇がかなりの期間続いている現象のことである。ただし，インフレにもいろいろな種類があり，インフレが起こる原因により，輸入インフレ，ディマンド＝プル＝インフレ，コスト＝プッシュ＝インフレなどに分けられる。

1 次のうち，不況期において，景気を浮揚するための政策として誤っているものはどれか。

①減　税

②公共投資の増加

③売りオペレーション

④預金準備率の引き下げ

⑤政策金利の引き下げ

(　)

2 次の出来事のうち，最も新しいものはどれか。

①第1次石油危機 　　　②プラザ合意

③バブル経済 　　　④リーマン・ショック不況

⑤ドル・ショック

(　)

3 頻出問題 円高・円安に関する次の記述のうち，正しいものはどれか。

①円高が進展すると，輸出量は増加する。

②円安が進展すると，輸入量は増加する。

③円高が進展すると，日本人が海外旅行する場合，従来よりも多くの「円」が必要となる。

④円安が進展すると，原油の輸入価格は「円換算」で従来より高いものとなる。

⑤円高が進展すると，日本製の自動車をアメリカで販売する際，従来よりも「ドル換算」で安いものとなる。

(　)

ANSWER-4 ■政治・経済

1 ③ **解説** 景気を浮揚させるためには，需要量が増加するための政策を行えばよい。①減税を実施すると，減税分だけ国民の実質所得は増えるので，消費量は増加することになる。②公共投資が増加すれば，その分，政府の需要量は増えるので，景気を刺激することになる。③売りオペを実施すると，中央銀行が民間市場から資金を吸収することになるので，市場の金利は上昇することになる。金利が上昇すると，お金を借りて新しい事業を行う企業が減少するため，企業の需要量が減少することになる。④預金準備率を引き下げると，市中銀行の貸し出し量が増えるため，貸出金利は低下することになる。このため，企業は銀行からお金を借りて，新しい事業に乗り出すことになる。⑤現在，日本の場合，コール市場（短期の資金取引きの市場）で決まる金利を政策金利とし，これを上下させることにより，金融調節を行っている。不況期においては，日銀は政策金利を引き下げることになる。

2 ④ **解説** ①と⑤ドル・ショック（ニクソン・ショック）が発生したのが1971年8月，第1次石油危機（石油ショック）が発生したのが1973年10月である。なお，第2次石油危機は1979年末に発生した。②プラザ合意とは，1985年9月，ニューヨークのプラザホテルで開催された5か国財務相・中央銀行総裁会議（G5）において，ドル高是正のための合意がなされたこと。この結果，わが国ではその後，円高が一気に進み，円高不況となった。③円高不況は1986年11月に底を打ち，その後，回復期に入った。その後，景気拡大が続いたことから，これを平成景気と称していたが，景気拡大が加速したためバブル経済というようになり，1991年2月にピークに達した。④リーマン・ショック不況とは，2007年11月から始まり，2009年3月に終わった景気後退局面のことをいう。なお，リーマン・ショック自体は2008年9月に発生した。

3 ④ **解説** ①と⑤円高の進展により，たとえば1ドル＝100円が1ドル＝50円になったとする。1ドル＝100円のとき，日本で200万円の車はアメリカで2万ドルで販売されることになる。ところが，1ドル＝50円になると，日本で200万円の車はアメリカで4万ドルで販売されることになる。この結果，売れ行きは悪くなり，輸出量は減少する。②と④たとえば，1バレル＝10ドルのとき，円安の進展により，1ドル＝100円が1ドル＝200円になったとする。1ドル＝100円のとき，1バレル＝10ドル＝1,000円であるが，1ドル＝200円になると，1バレル＝10ドル＝2,000円になる。つまり，円安が進展すると，原油の輸入価格は「円換算」で従来よりも高くなる。この結果，輸入量は減少する。③円高が進展すると，日本人は従来よりも少ない「円」で海外旅行が可能となる。

1 頻出問題 次のうち，社会保険に含まれないものはどれか。

①医療保険

②年金保険

③生命保険

④雇用保険

⑤介護保険

💡 **丸覚え**

わが国の社会保障制度の中心は社会保険である。

( )

2 後期高齢者医療制度（長寿医療制度）は何歳以上の高齢者を対象とする医療制度か。

① 60 歳以上

② 65 歳以上

③ 70 歳以上

④ 75 歳以上

⑤ 80 歳以上

💡 **丸覚え**

70 歳以上の現役並み所得者の医療費自己負担率は 3 割である。

( )

3 民間企業で働いている従業員を対象とした医療保険は次のうちどれか。

①共済組合

②健康保険

③国民健康保険

④労働者災害補償保険

⑤雇用保険

💡 **丸覚え**

船員保険とは，船舶の乗員を対象としたもので，医療保険，年金保険などの機能を有した総合保険である。

( )

4 年齢 15 ～ 34 歳の未婚者で，学校に通うのでもなく，また学校を卒業しても仕事も家事もしていない無業者のことを ☐☐☐☐ という。

空欄に該当するものは次のうちどれか。

①フリーター　　　②パートタイマー　　　③派遣社員

④ニート　　　⑤契約社員

( )

5 頻出問題 「使用者側が争議中の労働者を工場などから締め出すことで労働者側に圧力をかけること」。

上記に該当するものは次のうちどれか。

①サボタージュ　　②ストライキ

③ゼネスト　　　　④ロックアウト

⑤不当労働行為　　　　　　　　　　　　　　　　（　　）

ANSWER-5 ■政治・経済

1 ③ 解説　生命保険は民間の保険会社が行っているもので，個人が任意に加入するものである。これに対し，社会保険は強制加入である。たとえば，医療保険の場合，国民皆保険が1961年から実施されているので，誰もが健康保険，国民健康保険，共済組合（公務員を対象としている）など，いずれかに加入していることになる。これにより，わが国の場合，けがや病気で病院などで治療を受けたとき，実際にかかる費用の原則3割を負担すればよいことになる。

2 ④ 解説　後期高齢者医療制度（長寿医療制度）は75歳以上の高齢者を対象とする公的医療制度で，2008年4月に導入された。保険給付費の約50%を税金，約40%を現役世代からの支援金，約10%を加入者本人の年金から天引きなどする保険料からまかなう。なお，保険料は都道府県ごとに異なる。

3 ② 解説　民間企業で働いている従業員を対象とした医療保険が健康保険であり，公務員などを対象とした医療保険が共済組合である。そして，健康保険や共済組合などに加入できない，自営業者や無業者を対象とした医療保険が国民健康保険である。なお，共済組合は総合保険であるので，医療保険のほかに年金保険の機能もあったが，年金保険については厚生年金と統合された。労働者災害補償保険とは，民間企業で働いている従業員が仕事のうえで病気や事故にあったとき，それを補償する保険である。雇用保険とは，失業者に失業給付を行うことなどを目的とした保険である。

4 ④ 解説　フリーターとは，高校，大学などを卒業しても定職につかず，アルバイトやパートタイムを続けて生活している若者のこと。

5 ④ 解説　①労働者側が意識的に作業能率を低下させる戦術のこと。②労働者側が勤務の提供を拒否する戦術のこと。③ストライキを多くの産業で一斉に行うことをいう。⑤使用者側が労働者の団結権・団体交渉権などを侵害したり，正常な組合活動を妨害すること。

自衛隊　自衛官候補生採用試験　問題演習〔第2版〕

2022 年 5 月 11 日　初版　第 1 刷発行
2024 年 4 月 1 日　第 2 版　第 1 刷発行

編 著 者	株式会社　早稲田経営出版	
	（自衛官採用試験研究会）	
発 行 者	猪　　野　　　　　樹	
発 行 所	株式会社　早稲田経営出版	

〒 101-0061
東京都千代田区神田三崎町 3-1-5
神田三崎町ビル
電　話 03(5276)9492（営業）
FAX 03(5276)9027

組 　 版	有限会社　文　　字　　屋
印 　 刷	日 新 印 刷　株式会社
製 　 本	株式会社　常 川 製 本

© Waseda keiei syuppan 2024　　　Printed in Japan　　　ISBN 978-4-8471-5163-7
N.D.C. 390

乱丁・落丁による交換，および正誤のお問合せ対応は，該当書籍の改訂版刊行月末日までといたします。なお，交換につきましては，書籍の在庫状況等により，お受けできない場合もございます。
また，各種本試験の実施の延期，中止を理由とした本書の返品はお受けいたしません。返金もいたしかねますので，あらかじめご了承くださいますようお願い申し上げます。

書籍の正誤に関するご確認とお問合せについて

書籍の記載内容に誤りではないかと思われる箇所がございましたら、以下の手順にてご確認とお問合せをしてくださいますよう、お願い申し上げます。

なお、正誤のお問合せ以外の書籍内容に関する解説および受験指導などは、一切行っておりません。

そのようなお問合せにつきましては、お答えいたしかねますので、あらかじめご了承ください。

1 「Cyber Book Store」にて正誤表を確認する

早稲田経営出版刊行書籍の販売代行を行っている
TAC出版書籍販売サイト「Cyber Book Store」の
トップページ内「正誤表」コーナーにて、正誤表をご確認ください。

CYBER TAC出版書籍販売サイト
BOOK STORE

URL:https://bookstore.tac-school.co.jp/

2 1 の正誤表がない、あるいは正誤表に該当箇所の記載がない
⇒ 下記①、②のどちらかの方法で文書にて問合せをする

★ご注意ください★

お電話でのお問合せは、お受けいたしません。

①、②のどちらの方法でも、お問合せの際には、「お名前」とともに、

「対象の書籍名(○級・第○回対策も含む)およびその版数(第○版・○○年度版など)」

「お問合せ該当箇所の頁数と行数」

「誤りと思われる記載」

「正しいとお考えになる記載とその根拠」

を明記してください。

なお、回答までに1週間前後を要する場合もございます。あらかじめご了承ください。

① ウェブページ「Cyber Book Store」内の「お問合せフォーム」より問合せをする

【お問合せフォームアドレス】

https://bookstore.tac-school.co.jp/inquiry/

② メールにより問合せをする

【メール宛先 早稲田経営出版】

sbook@wasedakeiei.co.jp

※土日祝日はお問合せ対応をおこなっておりません。
※正誤のお問合せ対応は、該当書籍の改訂版刊行月末日までといたします。

乱丁・落丁による交換は、該当書籍の改訂版刊行月末日までといたします。なお、書籍の在庫状況等により、お受けできない場合もございます。

また、各種本試験の実施の延期、中止を理由とした本書の返品はお受けいたしません。返金もいたしかねますので、あらかじめご了承くださいますようお願い申し上げます。